绿色建筑施工技术与管理研究

刘　剑　李福勇　谢　诚◎著

吉林科学技术出版社

图书在版编目（CIP）数据

绿色建筑施工技术与管理研究 / 刘剑，李福勇，谢
诚著. -- 长春 ：吉林科学技术出版社，2023.3
　　ISBN 978-7-5744-0165-5

　　Ⅰ. ①绿… Ⅱ. ①刘… ②李… ③谢… Ⅲ. ①生态建
筑－建筑施工－施工管理 Ⅳ. ①TU74

中国国家版本馆 CIP 数据核字(2023)第 053873 号

绿色建筑施工技术与管理研究

作　　者　刘　剑　李福勇　谢　诚
出 版 人　宛　霞
责任编辑　金方建
幅面尺寸　185 mm×260mm
开　　本　16
字　　数　283 千字
印　　张　12.5
版　　次　2023 年 3 月第 1 版
印　　次　2023 年 3 月第 1 次印刷

出　　版　吉林科学技术出版社
发　　行　吉林科学技术出版社
地　　址　长春市净月区福祉大路 5788 号
邮　　编　130118
发行部电话/传真　0431-81629529　81629530　81629531
　　　　　　　　　　　81629532　81629533　81629534

储运部电话　0431-86059116

编辑部电话　0431-81629518
印　　刷　北京四海锦诚印刷技术有限公司

书　　号　ISBN 978-7-5744-0165-5
定　　价　75.00 元

前　言

随着社会经济、科技的发展以及人们生活水平的不断提高，资源短缺和环境污染将成为这个时代所面临的主题。从可持续发展的角度出发，绿色生态建筑愈来愈受到人们的青睐。以现代科学技术和管理方法改造建筑业，实现建筑业的转型升级，是广大建设工作者的迫切任务。

绿色施工是在国家建设"资源节约型、环境友好型"社会，倡导"循环经济、低碳经济"的大背景下提出并实施的。绿色施工源于传统施工，与传统施工有着千丝万缕的联系，但又有很大的不同。绿色施工紧扣国家循环经济的发展主题，抓住了新形势下我国推进经济转型、实现可持续发展的良好契机，明确提出了建筑业实施节能减排降耗、推进绿色施工的发展思路，对于建筑业在新形势下提升管理水平、强化能力建设、加速自身发展具有重要意义。开展绿色施工，为我国建筑业转变发展方向开辟了一条重要途径。绿色施工要求在保证安全、质量、工期和成本受控的基础上，最大限度地实现资源节约和环境保护。推行绿色施工符合国家的经济政策和产业导向，是建筑业落实科学发展观的重要举措，也是建设生态文明和美丽中国的必然要求。

本书从绿色施工及绿色建筑施工基础介绍入手，针对通风与空调节能工程施工、建筑配电与照明节能工程施工进行了分析研究；另外对建筑保温隔热节能材料、建筑节能门窗材料做了一定的介绍；还对绿色建筑施工管理、绿色建筑工程的管理策略做了研究。本书论述严谨，结构合理，条理清晰，内容丰富，其能为当前绿色建筑施工技术与管理相关理论的深入研究提供借鉴。

在撰写本书过程中，参考和借鉴了一些知名学者和专家的观点及论著，在此向他们表示深深的感谢。由于水平和时间所限，书中难免会出现不足之处，希望各位读者和专家能够提出宝贵意见，以待进一步修改，使之更加完善。

目　录

第一章 绿色施工

第一节　绿色施工概述

一、绿色施工的内涵

绿色施工是指建筑工程施工过程中，在保证工程质量和安全的前提下，通过运用先进的技术和科学的管理方式，最大限度地减少对环境的污染和对资源的浪费，从而实现施工过程中的节能、节地、节水、节材和环境保护的目的。

绿色施工是可持续发展理念在工程施工中全面应用的体现，绿色施工并不仅仅是指在工程施工中实施封闭施工，没有尘土飞扬，没有噪声扰民，在工地四周栽花、种草，实施定时洒水等这些内容，它涉及可持续发展的各个方面，如生态与环境保护、资源与能源利用、社会与经济的发展等内容。

二、施工原则与要求

（一）施工的原则

1. 减少场地干扰、尊重基地环境

绿色施工要减少场地干扰。工程施工过程会严重扰乱场地环境，这一点对于未开发区域的影响尤其严重。场地平整、土方开挖、施工降水、永久及临时设施建造、场地废物处理等均会对场地上现存的动植物资源、地形地貌、地下水位等造成影响；还会对场地内现存的文物、地方特色资源等带来破坏，影响当地文脉的继承和发扬。因此，施工中减少场地干扰、尊重基地环境对于保护生态环境，维持地方文脉具有重要的意义。业主、设计单位和承包商应当识别场地内现有的自然、文化和构筑物特征，并通过合理的设计、施工和管理工作将这些特征保存下来。可持续的场地设计对于减少这种干扰具有重要的作用。就

工程施工而言，承包商应结合业主、设计单位对承包商使用场地的要求，制订满足这些要求的、能尽量减少场地干扰的场地使用计划。计划中应明确：（1）场地内哪些区域将被保护、哪些植物将被保护，并明确保护的方法。（2）怎样在满足施工、设计和经济方面要求的前提下，尽量减少清理和扰动的区域面积，尽量减少临时设施、减少施工用管线。（3）场地内哪些区域将被用作仓储和临时设施建设，如何合理安排承包商、分包商及各工种对施工场地的使用，减少材料和设备的搬动。（4）各工种为了运送、安装和其他目的对场地通道的要求。（5）废物将如何处理和消除，如有废物回填或填埋，应分析其对场地生态、环境的影响。（6）怎样将场地与公众隔离。

2. 施工结合气候

承包商在选择施工方法、施工机械，安排施工顺序，布置施工场地时应结合气候特征。这可以减少气候原因带来施工措施的增加，资源和能源用量的增加，有效地降低施工成本；可以减少因为额外措施对施工现场及环境的干扰；可以有利于施工现场环境质量品质的改善和工程质量的提高。

承包商要能做到施工结合气候，首先要了解现场所在地区的气象资料及特征，主要包括：降雨、降雪资料，如：全年降雨量、降雪量、雨季起止日期、一日最大降雨量等；气温资料，如年平均气温，最高、最低气温及持续时间等；风的资料，如风速、风向和风的频率等。施工结合气候的主要体现有：（1）承包商应尽可能合理地安排施工顺序，使会受到不利气候影响的施工工序能够在不利气候来临前完成。如在雨季来临之前，完成土方工程、基础工程的施工，以减少地下水位上升对施工的影响，减少其他需要增加的额外雨季施工保证措施。（2）安排好全场性排水、防洪，减少对现场及周边环境的影响。（3）施工场地布置应结合气候，符合劳动保护、安全、防火的要求。产生有害气体和污染环境的加工场（如沥青熬制、石灰熟化）及易燃的设施（如木工棚、易燃物品仓库）应布置在下风向，且不危害当地居民；起重设施的布置应考虑风、雷电的影响。（4）在冬季、雨季、风季、炎热夏季施工中，应针对工程特点，尤其是对混凝土工程、土方工程、深基础工程、水下工程和高空作业等，选择适合的季节性施工方法或有效措施。

3. 绿色施工要求节水节电环保

节约资源（能源）建设项目通常要使用大量的材料、能源和水资源。减少资源的消耗，节约能源，提高效益，保护水资源是可持续发展的基本观点。施工中资源（能源）的节约主要有以下几方面内容：

（1）水资源的节约利用

通过监测水资源的使用，安装小流量的设备和器具，在可能的场所重新利用雨水或施工废水等措施来减少施工期间的用水量，降低用水费用。

（2）节约电能

通过监测利用率，安装节能灯具和设备，利用声光传感器控制照明灯具，采用节电型施工机械，合理安排施工时间等降低用电量，节约电能。

（3）减少材料的损耗

通过更仔细的采购、合理的现场保管、减少材料的搬运次数、减少包装、完善操作工艺、增加摊销材料的周转次数等降低材料在使用中的消耗，提高材料的使用效率。

（4）可回收资源的利用

可回收资源的利用是节约资源的主要手段，也是当前应加强的方向。主要体现在两个方面：一是使用可再生的或含有可再生成分的产品和材料，这有助于将可回收部分从废弃物中分离出来，同时减少了原始材料的使用，即减少了自然资源的消耗；二是加大资源和材料的回收利用、循环利用，如在施工现场建立废物回收系统，再回收或重复利用在拆除时得到的材料，这可减少施工中材料的消耗量或通过销售来增加企业的收入，也可降低企业运输或填埋垃圾的费用。

4. 减少环境污染，提高环境品质

绿色施工要求减少环境污染。工程施工中产生的大量灰尘、噪声、有毒有害气体、废弃物等会对环境品质造成严重的影响，也将有损于现场工作人员、使用者以及公众的健康。因此，减少环境污染，提高环境品质也是绿色施工的基本原则。提高与施工有关的室内外空气品质是该原则的最主要内容。施工过程中，扰动建筑材料和系统所产生的灰尘，从材料、产品、施工设备或施工过程中散发出来的挥发性有机化合物或微粒均会引起室内外空气品质问题。这些挥发性有机化合物或微粒会对健康构成潜在的威胁和损害，需要特殊的安全防护。这些威胁和损伤有些是长期的，甚至是致命的。而且在建造过程中，这些空气污染物也可能渗入邻近的建筑物，并在施工结束后继续留在建筑物内。尤其是那些需要在房屋使用者在场的情况下进行施工的改建项目更须引起重视。常用的提高施工场地空气品质的绿色施工技术措施可能有：（1）制订有关室内外空气品质的施工管理计划。（2）使用低挥发性的材料或产品。（3）安装局部临时排风或局部净化和过滤设备。（4）进行必要的绿化，经常洒水清扫，防止建筑垃圾堆积在建筑物内，贮存好可能造成污染的材料。（5）采用更安全、健康的建筑机械或生产方式，如用商品混凝土代替现场混凝土搅拌，可大幅度地消除粉尘污染。（6）合理安排施工顺序，尽量减少一些建筑材料，如地毯、顶棚饰面等对污染物的吸收。（7）对于施工时仍在使用的建筑物而言，应将有毒的工作安排在非工作时间进行，并与通风措施相结合，在进行有毒工作时以及工作完成以后，

利用室外新鲜空气对现场通风。（8）对于施工时仍在使用的建筑物而言，将施工区域保持负压或升高使用区域的气压会有助于防止空气污染物污染使用区域。

对于噪声的控制也是防止环境污染，提高环境品质的一个方面。当前中国已经出台了一些相应的规定对施工噪声进行限制。绿色施工也强调对施工噪声的控制，以防止施工扰民。合理安排施工时间，实施封闭式施工，采用现代化的隔离防护设备，采用低噪声、低振动的建筑机械，如无声振捣设备等是控制施工噪声的有效手段。

5. 实施科学管理、保证施工质量

实施绿色施工，必须实施科学管理，提高企业管理水平，使企业从被动的适应转变为主动的响应，使企业实施绿色施工制度化、规范化。这将充分发挥绿色施工对促进可持续发展的作用，增加绿色施工的经济性效果，增加承包商采用绿色施工的积极性。企业通过ISO14001认证是提高企业管理水平，实施科学管理的有效途径。

实施绿色施工，尽可能减少场地干扰，提高资源和材料利用效率，增加材料的回收利用等，但采用这些手段的前提是要确保工程质量。好的工程质量，可延长项目寿命，降低项目日常运行费用，利于使用者的健康和安全，促进社会经济发展，本身就是可持续发展的体现。

（二）施工要求

第一，在临时设施建设方面，现场搭建活动房屋之前应按规划部门的要求取得相关手续。建设单位和施工单位应选用高效保温隔热、可拆卸循环使用的材料搭建施工现场临时设施，并取得产品合格证后方可投入使用。工程竣工后一个月内，选择有合法资质的拆除公司将临时设施拆除。

第二，在限制施工降水方面，建设单位或者施工单位应当采取相应方法，隔断地下水进入施工区域。地下结构、地层及地下水、施工条件和技术等原因，使得采用帷幕隔水方法很难实施或者虽能实施，但增加的工程投资明显不合理。施工降水方案经过专家评审并通过后，可以采用管井、井点等方法进行施工降水。

第三，在控制施工扬尘方面，工程土方开挖前施工单位应按《绿色施工规程》的要求，做好洗车池和冲洗设施、建筑垃圾和生活垃圾分类密闭存放装置、沙土覆盖、工地路面硬化和生活区绿化美化等工作。

第四，在渣土绿色运输方面，施工单位应按照要求，选用已办理"散装货物运输车辆准运证"的车辆，持"渣土消纳许可证"从事渣土运输作业。

第五，在降低声、光排放方面，建设单位、施工单位在签订合同时，注意施工工期安

排及已签合同施工延长工期的调整，应尽量避免夜间施工。特殊原因确须夜间施工的，必须到工程所在地区县建委办理夜间施工许可证，施工时要采取封闭措施降低施工噪声并尽可能减少强光对居民生活的干扰。

三、措施与途径

建设和施工单位要尽量选用高性能、低噪声、少污染的设备，采用机械化程度高的施工方式，减少使用污染排放高的各类车辆。施工区域与非施工区域间设置标准的分隔设施，做到连续、稳固、整洁、美观。硬质围栏/围挡的高度不得低于 2.5 米。易产生泥浆的施工，须实行硬地坪施工；所有土堆、料堆须采取加盖防止粉尘污染的遮盖物或喷洒覆盖剂等措施。施工现场使用的热水锅炉等必须使用清洁燃料。不得在施工现场熔融沥青或焚烧油毡、油漆以及其他产生有毒、有害烟尘和恶臭气体的物质。

建设工程工地应严格按照防汛要求，设置连续、通畅的排水设施和其他应急设施。市区（距居民区 1000 米范围内）禁用柴油冲击桩机、振动桩机、旋转桩机和柴油发电机，严禁敲打导管和钻杆，控制高噪声污染。施工单位须落实门前环境卫生责任制，并指定专人负责日常管理。施工现场应设密闭式垃圾站，施工垃圾、生活垃圾分类存放。生活区应设置封闭式垃圾容器，施工场地生活垃圾应实行袋装化，并委托环卫部门统一清运。鼓励建筑废料、渣土的综合利用。对危险废弃物必须设置统一的标志分类存放，收集到一定量后，交有资质的单位统一处置。合理、节约使用水、电。大型照明灯须采用俯视角，避免光污染。

加强绿化工作，搬迁树木须手续齐全；在绿化施工中科学、合理地使用与处置农药，尽量减少对环境的污染。

四、实施绿色施工的意义

（一）绿色施工有利于保障城市的硬环境

要想实现整体提升城市面貌与形象，提升城市的整体形象，除了提升必要的软环境，还必须通过有效措施提升城市的硬环境。这其中就要求在施工程有效落实绿色施工，保障好城市的硬环境秩序良好。

工程建设过程中对城市硬环境的影响主要表现在施工扬尘、施工噪声以及施工期对施工段局部生态环境暂时的影响。施工过程开挖路面，压占土地、植被和道路，局部生态环境受到影响。水土流失加重，施工过程的施工噪声、地面扬尘和固体废弃物对局部生态环境也有一定影响。

（二）绿色施工有利于保障带动城市良性发展

经济发展与环境保护的关系必须以科学发展观为指导进行正确处理。科学发展观的提出，为我们科学把握经济发展与环境保护这一人与自然关系的关键问题提供了强大的理论指导。全面贯彻落实科学发展观，就要清醒地认识到良好的生态环境和经济繁荣是人类共同追求的两大目标，也是相互制约、相互统一的一个问题的两个方面，在实际工作中必须辩证对待、不可偏废。

环境与经济发展是相互促进、相互作用的。一方面，我们靠基本建设带动社会生产力，发展经济；另一方面，环境建设会对经济发展起到正向作用，如果我们的环境建设保护工作得到落实贯彻，将会促进经济发展。试想一下，开发区的环境建设好了，一定会吸引更多的投资；若是相反，结果可想而知。

基本建设能够大力推动经济发展，但如果一味强调建设而忽略环境建设保护，那将得不偿失。总的来说，规范好开发区建设工程、实施绿色施工，有利于保障开发区环境，有利于招商引资，有利于建设"宜居"城市。

因此，建设工程施工是否有效落实绿色施工对于经济发展与城市发展将起到不可忽视的作用。

（三）绿色施工在推动建筑业企业可持续发展中的重要作用

绿色施工是企业转变发展观念、提高综合效益的重要手段。绿色施工的实施主体是企业。首先，绿色施工是在向技术、管理和节约要效益。绿色施工在规划管理阶段要编制绿色施工方案，方案包括环境保护、节能、节地、节水、节材的措施，这些措施都将直接为工程建设节约成本。

其次，环境效益是可以转化为经济效益、社会效益的。建筑业企业在工程建设过程中注重环境保护，势必树立良好的社会形象，进而形成潜在效益。比如在环境保护方面，如果扬尘、噪声振动、光污染、水污染、土壤保护、建筑垃圾、地下设施文物和资源保护等控制措施到位，将有效改善建筑施工脏、乱、差、闹的社会形象。企业树立自身良好形象有利于取得社会支持，保证工程建设各项工作的顺利进行，乃至获得市场青睐。所以说，企业在绿色施工过程中既产生经济效益，也派生了社会效益、环境效益，最终形成企业的综合效益。

第二节 绿色建筑与绿色施工

一、绿色施工与传统施工的区别

（一）绿色施工与传统施工的共同点

无论是绿色施工还是传统施工模式，都是具备符合相应资质等级的施工企业，通过组建项目管理机构，运用智力成果和技术手段，配置一定的人力、资金、设备等资源，按照设计图纸，为实现合同的成本、工期、质量、安全等目标，在项目所在地进行的各种生产活动，直到建成合格的建筑产品达到设计要求。

组成施工活动的五大要素，即施工活动的对象——工程项目，资源配置——人力、资金、施工机械、材料等，实现方法——管理和技术，产品质量，施工活动要达到的目标。核心是施工活动的目标在不同时间段内容不同，由此决定了上述其他四要素的内容也发生了变化。比如，改革开放初期，我们开展的施工活动，其目标是质量、安全、工期、成本控制，也就是传统的施工方法；绿色施工要达到的目标是质量、安全、工期、成本和环境保护。

由此可见，绿色施工与传统施工的主要区别在于绿色施工目标要素中，要把环境和节约资源、保护资源作为主控目标之一。由此，就造成了绿色施工成本的增加，企业就可能面临一定的亏损压力。

（二）绿色施工与传统施工的不同点

出发点不同。绿色施工着眼在节约资源、保护资源，建立人与自然、人与社会的和谐，而传统施工只要不违反国家的法规和有关规定，能实现质量、安全、工期、成本目标就可以，尤其是为了降低成本，可能造成大量的建筑垃圾，以牺牲资源为代价，噪声、扬尘、堆放渣土还可能对项目周边环境和居住人群造成危害或影响。比如，对于有园林绿化的项目，在保证建设场地的情况下，施工单位在取得监理和甲方同意的情况下，可以提前进行园林绿化施工，从进场到项目竣工，整个施工现场都处于绿色环保的环境下，既减少了扬尘，同时施工中收集的雨水、中间水经过简单处理后就可以用来灌溉，不仅降低了项目竣工后再绿化的费用，也可以得到各方的好评，树立企业良好的形象。

实现目标控制的角度不同。为了达到绿色施工的标准，施工单位要改变观念，综合考虑施工中可能出现的能耗较高的因素，通过采用新技术、新材料，持续改进管理水平和技术方法。而传统施工着眼点主要是在满足质量、工期、安全的前提下，如何降低成本，至于是否节能降耗、如何减少废弃物和有利于营造舒适的环境就不是考虑的重点。绿色施工主要是在观念转变的前提下，采用新技术、更加合理的流程等来达到绿色的标准。比如，目前广泛推广的工业化装配式施工，就是将一些主要的预制件事先加工好，在项目现场直接装配就可以，不仅节约了大量的时间和人力成本，而且大大减少了扬尘及施工过程中的废弃物，经济效益显著。某集团仅用 15 天就建造了 30 层高楼，就是采用工业化装配式生产方式，中间基本不产生废弃物。而传统施工方式盖 30 层高楼一般都需要一年半甚至两年，仅时间和人力成本就浪费了多少！由此可见，绿色施工带来的不仅是成本的节约、资源消耗降低，更是生产模式的改变带来了生产理念的变化。这是传统模式无法比拟的。

落脚点不同，达到的效果不同。在绿色施工过程中，由于考虑了环境因素和节能降耗，可能造成建造成本的增加，但由于提高了认识，更加注重节能环保，采用了新技术、新工艺、新材料，持续改进管理水平和技术装备能力，不仅对全面实现项目的控制目标有利，而且在建造中节约了资源，营造了和谐的周边环境，还向社会提供了好的建筑产品。传统施工有时也考虑节约，但更多的是向降低成本倾斜，对于施工过程中产生的建筑垃圾、扬尘、噪声等就可能仅进行次要控制。近几年，在绿色施工的推动下，很多施工企业开展 QC 小组活动，一线科技工作者针对施工中影响质量的关键环节进行技术攻关，取得了可喜可贺的成绩，在此基础上形成了国家级工法、省部级工法、专利以及企业标准，这些技术攻关活动使施工质量大大提高，减少了残次品，而且由于技术攻关，减少了浪费和返工，提高了质量正品率，为项目减少亏损做出了贡献。

受益者不同。绿色施工受益的是国家和社会、项目业主，最终施工单位也会受益。传统施工首先受益的是施工单位和项目业主，其次才是社会和使用建筑产品的人。比如，在进行地基处理时，由于目前大多都是高层或超高层建筑，地基处理深度较大，复杂性较高，传统施工就是将地下水直接排到污水井，而绿色施工基于节约资源的理念，考虑到城市中水资源紧缺，施工单位可以事先和市政管理部门联系，将大量的地下水排放到中水系统，或者直接排入市内的人造湖，使地下水直接造福人类。但这样就会大大增加施工成本，项目部就需要从其他地方通过管理改善和技术创新降低成本，政府也可能会给予一定的补偿。但项目部因此会赢得社会的赞誉，对今后承揽项目带来益处。再比如雨水的回收利用。在施工过程中要大量使用水，城市普遍缺水，如果直接使用市政水，合情合理，无可厚非，但作为绿色施工，项目部就会根据条件在雨季收集雨水，用于项目施工。可能节约的费用并不多，但作为合理利用资源、减少资源浪费这样一个理念，人人节约资源，能给社会带来益处，这就是我们倡导的绿色施工理念，不仅项目部受益，也给社会带来了效益。

从长远来看，绿色施工是节约型经济，更具可持续发展特征。传统施工着眼实际可评的经济效益，这种目标比较短浅，而绿色施工包括了经济效益和环境效益，是从持续发展需要出发的，着眼于长期发展的目标。相对来说，传统施工方法所需要消耗的资源比绿色施工多出很多，并存在大量资源浪费现象，绿色施工提倡合理的节约，促进资源的回收利用、循环利用，减少资源的消耗。在整个建设和使用过程中，传统施工会产生并可能持续产生大量的污染，包括建筑垃圾、噪声污染、水污染、空气污染等，如在建筑垃圾的处理上传统施工多是直接投放自然处理，而绿色施工采用循环利用，相对来说污染较小甚至基本无污染，其建设和使用过程中所产生的垃圾通常采用回收利用的方法进行。在对污染的防治上，传统施工多是采用事后治理的方式，是在污染造成之后进行治理和排除；绿色施工则是采用预防的方法，在污染之前即采用除污技术，减轻或杜绝污染的发生。总的说来，绿色施工可持续性远高于传统施工，能更好地与自然、与环境相协调。

因此，绿色施工强调的"四节一环保"并非以施工单位的经济效益最大化为基础，而是强调在保护环境和节约资源前提下的"四节"，强调节能减排下的"四节"。对于项目成本控制而言，有时会增加施工成本，但由于全员节能降耗意识的普遍提高，依靠采用新技术、新工艺，以及持续不断地改进管理水平和技术水平，根本上来说，有利于施工单位经济效益和社会效益的提升，最终造福社会；从长远来说，有利于推动建筑企业可持续发展。

国家和行业协会已经出台了大量的关于绿色建筑和绿色施工的政策法规和奖励办法，旨在强化节约型社会建设，使高消耗能源的建筑行业，通过转变观念、转型升级，创建人与自然、人与环境的和谐共处，通过管理提升和技术改进，不断提高企业竞争能力，促进企业的可持续发展。

新的生产方式为绿色施工提供了物质基础。工业化生产、装配式施工不仅大大缩短了工期，减少了劳动消耗，同时，对于传统施工中产生的大量废弃物，通过二次利用可以循环使用，减少了环境污染，提高了资源的利用率，大大降低建造成本。

国家和地方建设主管部门为了促进建筑行业转型升级，淘汰落后的生产技术，强制推行新技术、新材料和新工艺，对改变落后产能起到了积极的促进作用。近几年，经批准的国家和地方级工法、专利技术如雨后春笋，企业可以无偿或有偿使用这些工法、专利，用以提高施工质量，减少浪费，这些新技术、新材料等的推广使用就是绿色施工的物质基础。没有技术改进和新材料的使用，绿色施工就只能是局部改变，零敲碎打，无法从根本上降低由于考虑施工对环境的污染而增加的费用，一个不经济的绿色施工之路就不可能走得太远。

绿色施工首先是观念的更新，需要综合考虑质量、成本、工期、安全、环境保护和节约资源，它们是一个有机整体，需要依靠管理改进和技术改进，才能从根本上降低因保护环境而增加的费用，减少亏损的压力。只有观念更新，才能达到人与环境、人与自然的和谐。而不是将这几个方面割裂开，否则只能算节约型工地，达不到绿色施工的全面改进。

各地建设主管部门为了倡导绿色施工，纷纷出台了一些优惠政策和奖励措施，同时，将绿色施工优秀项目作为申报优质工程、科技创新成果的一个重要参考（尚未作为要件），这对于企业开展绿色施工是很好的促进。

尽管绿色施工对社会和企业带来了很多好处，但仍然存在一些制约因素。首先，由于在绿色工程实施的过程中所处位置、利益着眼点、观念认识等方面的差异，绿色施工在实施过程中会受到很多不利因素的制约，有时还会产生纠纷，这就给绿色施工带来困扰。有些来自政府、项目部内部、甲方、监理以及项目周边居民等方面，但更多的是来自行业标准或者规范的滞后，企业采用的新材料、新工艺有一个认识的过程，在政府仍然对市场具有主导地位的情况下，没有相关政府部门的许可或者修订标准、规范，使用者和生产者都不敢轻易使用。其次，政府对污染、浪费监管力度的强弱，会给绿色施工实施带来不同程度的影响。政府监管严，甲方就会加大投入，有利于施工企业采取绿色施工。政府监管弱，甲方和施工单位都会缺乏积极性，从而对绿色施工持消极态度。施工单位作为经济利益直接关系人，其最根本的目标是为了获取最大利润，这一目标也是整个项目运行的根本动力，但通常来说，绿色施工会增加成本，其产品价格一般会高于非绿色施工产品价格，如果企业和个人没有树立正确的绿色理念，很容易造成负利润现象，使企业陷入困境，因此施工单位就会在绿色施工管理上出现较多的分歧。对于消费者来说，追求效用最大化，这就使绿色施工同传统施工一样存在着消费者和施工单位价值取向不同这一重要矛盾，极易因为消费者对绿色施工需要的不确定性，而使双方存在巨大差异无法协调，使绿色施工在实施过程中遇到困难。

二、绿色施工与绿色建筑的关系

国家标准《绿色建筑评价标准》中定义，绿色建筑是指在建筑的全寿命周期内，最大限度地节约资源、保护环境和减少污染，为人们提供健康、适用和高效的使用空间，与自然和谐共生的建筑。绿色建筑主要包括三方面内涵：第一，"四节"，主要强调建筑在使用周期内降低各种资源的消耗；第二，保护环境，主要强调建筑在使用周期内减少各种污染物的排放；第三，营造"健康、适用和高效"的使用空间。

绿色施工与绿色建筑互有关联又各自独立，其关系主要体现为：第一，绿色施工主要涉及施工过程，是建筑全生命周期中的生成阶段；绿色建筑则表现为一种状态，为人们提供绿色的使用空间。第二，绿色施工可为绿色建筑增色，但仅绿色施工不能形成绿色建筑。第三，绿色建筑的形成，必须首先要使设计成为"绿色"；绿色施工关键在于施工组织设计和施工方案做到绿色。第四，绿色施工主要涉及施工期间，对环境影响相当集中；绿色建筑事关居住者健康、运行成本和使用功能，对整个使用周期均有影响。

三、绿色施工推进

（一）绿色施工推进建议

建筑业推进绿色施工面临的困难和问题不少。因此，迅速造就全行业推进绿色施工的良好局面，是摆在政府、建筑行业和相关企业面前迫切需要解决的问题。绿色施工不能仅限于概念炒作，还必须着眼于政策法规保障、管理制度创新、四新技术开发、传统技术改造，促使政府、业主和承包商多方主体协同推动，方能取得实效。

1. **进一步加强绿色施工宣传和教育，强化绿色施工意识**

世界环境发展委员会指出：未能克服环境进一步衰退的主要原因之一，是全世界大部分人尚未形成与现代工业科技社会相适应的新环境伦理观。在我国，建筑业从业人员虽已认识到环境保护形势严峻，但环境保护的自律行动尚处于较低水平；同时，对绿色施工的重要性认识不足，这在很大程度上影响了绿色施工的推广。因此，利用法律、文化、社会和经济等手段，探索解决绿色施工推进过程中的各种问题和困难，广泛进行持续宣传和职工教育培训，提高建筑企业和施工人员的绿色施工认知，进而调动民众参与绿色施工监督，提高人们的绿色意识是推动绿色施工的重中之重。

2. **建立健全法规标准体系，强力推进绿色施工**

对于具体实施企业，往往需要制定更加严格的施工措施、付出更大的施工成本，才能实现绿色施工；这是制约绿色施工推进的主要原因。绿色施工在部分项目进行试点推进是可能的；但要面向整体、持续推进，必须制定切实措施，建立强制推进的法律法规和制度。只有建立健全基于绿色技术推进的国家法律法规及标准化体系，进一步加强绿色施工实施政策引导，才能使工程项目建设各方各尽其责，协力推进绿色施工；才能使参与竞争者处于同一基点，为相同目标付出相同成本而竞争；才能突破推进过程中的成本制约，促使企业持续推进绿色施工，实现绿色施工的制度化和常态化。

3. **各方共同协作，全过程推进绿色施工**

系统推进绿色施工，主要可从以下几方面着手：（1）政策引导。政府基于宏观调控的有效手段和政策，系统推出绿色施工管理办法、实施细则、激励政策和行为准则，激励和规范各方参与绿色施工活动。(2) 市场倾斜。逐渐淘汰以工期为主导的低价竞标方式,培育以绿色施工为优势的建筑业核心竞争力。(3) 业主主导,工程建设的投资方处于项目实施的主导位置,绿色施工须取得业主的鼎力支持和资金投入才能有效实施。(4) 全过程推进。施工企业推进绿色施工必须建立完整的组织体系,做到目标清晰、责任落实、管理制度健全、技术措施到位,建立可追溯性的见证资料,使绿色施工切实取得实效。

4. 增设绿色施工措施费,促进绿色施工

推进绿色施工有益于改善人类生存环境,是一件利国利民的大事。但对于具体企业和工程项目,绿色施工推进的制约因素很多,且成本增加较大。因此,借鉴"强制设置人防费"的政策经验,可由政府主管部门在项目开工前向业主单位收取"绿色施工措施费"。绿色施工达到"优良"标准,将绿色施工措施费全额拨付给施工单位;达到"合格"要求,可拨付70%;否则,绿色施工措施费全额收归政府,用于污染治理和环境保护。这项政策一旦实施,必将提升绿色施工水平,改善生态环境。

5. 开展绿色施工技术和管理的创新研究和应用

绿色施工技术是推行绿色施工的基础。传统工程施工的目标只有工期、质量、安全和企业自身的成本控制,一般不包含环境保护的目标;传统施工工艺、技术和方法对环境保护的关注不够。推进绿色施工,必须对传统施工工艺技术和管理技术进行绿色审视,依据绿色施工理念对其进行改造,建立符合绿色施工的施工工艺和技术标准。同时,全面开展绿色施工技术的创新研究,包括符合绿色理念的四新技术、资源再生利用技术、绿色建材、绿色施工机具的研究等,并建立绿色技术产学研用一体化的推广应用机制,以加速淘汰污染严重的施工技术和工艺方法,加快施工工业化和信息化步伐,有效推进绿色施工。

(二) 推进绿色施工的迫切性和必要性

1. 建筑施工行业现行的一些做法不符合绿色的原则

在施工过程中还存在着一些问题,主要有:(1) 民用建筑特别是住宅工程粗、精装修分离,拆除量巨大;场地硬化过当,且少有循环使用。造成建筑废弃物排量增加,据统计,建筑施工垃圾占城市垃圾总量的 30%~40%;每 1 万 m³ 的住宅施工,建筑垃圾量达 500~600t。(2) 施工粉尘排放居高不下,施工粉尘占城区粉尘排放量的 22%。(3) 施工过程噪声及光污染并未得到妥当解决。(4) 我国现场在使用的施工设备有相当部分仅能满足生产功能简单要求,其耗能、噪声排放等指标仍然比较落后。

2. 施工相关方主体职能尚存在不到位

市场主体各方对绿色施工的认知尚存在较多误区,往往把绿色施工等同于文明施工,

政府、投资方及承包商各方尚未形成"责任清晰、目标明确、考核便捷"的政策、法规和评价及实施标准规范，因而绿色施工难能落实到位。

3. 激励制度有待建立健全

市场无序竞争往往演化为价格战。不乏建筑业企业具有高涨的推进绿色施工热情，然而在成本控制的巨大压力下，也只能望而却步。因此，制定强有力的支持绿色施工的政府激励机制，是推进绿色施工的重要举措。

4. 约束性机制不到位

一方面，由于关于绿色施工的规定仅仅停留在政府倡导的阶段，绿色施工标准对于施工方还未形成明显的压力。施工工地由于各方面问题，未在实践中实施绿色施工。作为对施工工地的处罚主体，国家没有健全的、具体的量化性依据，城管部门很难依照绿色施工的"标准"要求施工企业。另一方面，现阶段，施工工地检查存在"多头执法"的问题。虽然城管部门对施工工地享有三十多项处罚权，但是最终决定施工工地"生死"的审批权属于建委部门。城管对施工企业的约束力大打折扣。

综上所述，建筑施工行业推进绿色施工面临的困难较大，迅速造就一个全行业推进绿色施工的良好局面，是摆在政府、建筑行业和相关部门面前迫切需要解决的难题。

第三节　绿色施工与相关概念的关系

一、绿色施工与清洁生产

绿色施工的理论基础就是清洁生产。清洁生产的概念来源于20世纪80年代末期，面对环境日趋恶劣、资源日趋短缺的局面，工业发达国家在对其经济发展过程进行反思的基础上，认识到不改变大量消耗资源和能源来推动经济增长的传统模式，单靠一些补救的环境保护措施，是不能从根本上解决环境问题的，解决的办法只有从源头全过程着手。为此，工业发达国家的工业污染控制战略出现了重大变革，其核心内容就是以预防污染战略取代以末端治理为主的污染控制政策，美国环保局最初称之为"废物最少化"，联合国环境规划署称之为"清洁生产"。如今，清洁生产已成为国际社会的热门议题，清洁生产的概念贯穿于20世纪末巴西联合国环境与发展大会通过的《21世纪议程》之中，被公认为是实现环境与经济协调发展的环境战略，是实现可持续发展的关键因素，将成为21世纪工业发展的新模式。

联合国环境署对清洁生产的定义是：清洁生产是指将综合预防的环境策略持续应用于生产过程和产品之中，以期减少对人类和环境的风险。对生产过程，清洁生产包括节约原材料和能源，淘汰有毒原材料并在全部排放物和废物离开生产过程之前，减少它们的数量和毒性。对产品而言，清洁生产策略旨在减少产品在整个生命周期中从原料提炼到产品的最终处置对人类和环境的影响。《中国 21 世纪议程》对清洁生产的定义是：清洁生产是指既可满足人们的需要，又可合理使用自然资源和能源并保护环境的实用生产方法和措施。其实质是一种物料和能源最少的人类生产活动的规划和管理，将废物减量化、资源化和无害化，或消灭于生产过程之中。同时对人体和环境无害的绿色产品的生产亦将随可持续发展进程的深入而日益成为今后产品生产的主导方向。清洁生产的定义涉及两个全过程控制，即生产过程和产品整个生命周期的循环过程。《中华人民共和国清洁生产促进法》对清洁生产的定义是：清洁生产是指不断采取改进设计、使用清洁的能源和原料、采用先进的工艺与设备、改善管理、综合利用等措施，从源头消减污染，提高资源利用效率，减少或者避免生产、服务和产品使用过程中污染物的生产和排放，以减轻或者消除对人类健康和环境的危害。

（一）绿色施工清洁生产的环境影响因素

建筑业是以消耗大量的自然资源并造成沉重的环境负面影响为代价的，据统计，建筑活动使用了自然资源总量的 40%，能源总量的 40%，而造成的建筑垃圾也占人类活动产生的垃圾总量的 40%。因此，在建筑领域中推行绿色施工清洁生产技术，将对人类实现可持续发展发挥极其重要的作用。通过对建设项目施工过程的环境因素识别，可以得出目前在建筑行业影响绿色施工清洁生产的主要环境因素。

1. 大气污染

在建筑企业生产和运输过程中，大量粉尘的生产，化学建材中塑料的添加剂、助剂和涂料中的溶剂以及黏结剂中有毒物质的挥发，都对大气带来各种污染。

2. 垃圾污染

建筑垃圾是在建（构）筑物的建设、维修、拆除过程中产生的，包括新建工程施工的废弃料和旧建筑拆除的残骸料，大多为固体废弃物。它分为拆除建筑物时产生的垃圾和建造建筑物时产生的垃圾。建筑物所产生的垃圾成分主要有：弃土、渣土；砖石和混凝土碎块；钢筋、铁件；金属边角料、沥青、竹木材、废塑料；各种包装材料和其他废弃物；等等。

这些大量的建筑垃圾不仅占用土地，而且污染环境。

3. 建筑机械发出的噪声和强烈振动

废水、废气、废渣和噪声，已成为城市的四大污染。建筑施工中建筑机械发出的噪声和强烈的振动对人的听觉、神经系统、心血管、肠胃功能都会造成损害，严重影响人体健康。

4. 高层建筑的光污染

城市高层建筑的光污染是指高档商店和建筑物用大块镜面式铝合金装饰的外墙、玻璃幕墙等形成的光污染现象。20 世纪 80 年代以来，建筑物装饰热在中国骤然兴起，许多商厦、办公楼都纷纷安装了玻璃幕墙。玻璃幕墙无框架，采用镀膜玻璃，它表面光滑明亮如镜，具有较强的聚光和反光效果，在阳光的照耀下，发射出耀眼的光芒。据中国建筑装饰铝制品协会调查，目前我国装饰玻璃幕墙面积已超过 300 万 m²。而高层建筑装上镀膜玻璃后，其反光率为 15%～38%，刺眼的光束足以破坏人眼视网膜上的感光细胞，影响人的视力，也容易灼伤人的皮肤，造成严重的光污染。

5. 可能造成的放射性污染

有些矿渣、炉渣、粉煤灰、花岗岩、大理石放射性物质超量。据有关部门测试，天然大理石近 30% 放射性超标，制成的建筑制品对人体造成外照射（X 射线）和内照射（氡气吸入）的伤害。

（二）绿色施工清洁生产的对策

在建设项目实施过程中，施工阶段既是项目规划、设计的实现过程，又是大规模的改变自然生态环境、消耗自然资源的过程，因此，对这一过程的环境因素进行控制和管理，提倡以节约能源、降低消耗、减少污染物的产生量和排放量为基本宗旨的"清洁生产"，对于推行建筑业的可持续发展战略，推广绿色建筑有着不可忽视的作用。根据绿色奥运建筑评估体系的内容及清洁生产的概念，绿色施工可以定义为"通过切实有效的管理制度和工作制度，最大限度地减少施工活动对环境的不利影响，减少资源与能源的消耗，实现可持续发展的施工技术"。现阶段在我国实施绿色施工清洁生产的对策主要有以下四个方面。

1. 使用绿色建材，减少资源消耗

绿色建材是采用清洁生产技术，少用原生天然资源和能源，尽量使用工农业或城市固态废弃物生产的无毒害、无污染、无放射性，达到使用周期后，可回收利用，有利于环境保护的建筑材料。绿色建材是维护人体健康、保护环境的有益材料，它从源头上就注意消除污染，并始终贯彻在生产、施工、使用及废弃物处理等全过程中。

为了减少施工过程中材料和资源的消耗，临时设施充分利用旧料和现场拆迁回收材料及可循环利用的材料；周转材料、循环使用材料和机具应易于回收和再利用；减少现场作业与废料；减少建筑垃圾，充分利用废弃物。就地取材，充分利用本地资源，减少运输对环境造成的影响。使用绿色建材，选择经评定的绿色建筑材料，严格控制施工建材和辅材的有害元素限量。

2. 清洁施工过程，控制环境污染

在施工过程中应严格遵循国家和地方的有关法规，减少对场地地形、地貌、水系、水体的破坏和对周围环境的不利影响，严格控制噪声污染、光污染以及大气污染。采用清洁生产技术，制定节能措施，改进施工工艺，提高施工过程中能源利用效率，节约能源，减少对大气环境的污染。

3. 加强施工安全管理和工地卫生文明管理

在施工过程中要保护施工人员的安全与健康。要合理布置施工场地，施工期间采取有效的防毒、防污、防尘、防潮、通风等措施，加强施工安全管理和工地卫生文明管理。

4. 政策引导

政府制定有关促使绿色施工清洁生产的法律、法规，依法要求施工企业和有关部门实施绿色施工清洁生产技术；制定绿色施工清洁生产的标准、考核指标及相关的统计制度，制定绿色施工企业的绿色施工评价体系，制定引导施工企业创建绿色施工的激励和处罚政策；同时应加强对施工企业全体员工进行绿色施工清洁生产意义的宣传，提高施工企业贯彻实施绿色施工清洁生产的积极性和自觉性，开展绿色施工检查、评比活动，对达标的施工企业给予奖励，对不达标的施工企业限期整改。

二、绿色施工与可持续发展

（一）环境保护技术

1. 扬尘控制

（1）运送土方、垃圾、设备及建筑材料等，不污损场外道路。运输容易散落、飞扬、流漏的物料的车辆，必须采取措施封闭严密，保证车辆清洁。施工现场出口应设置洗车槽。（2）土方作业阶段，采取洒水、覆盖等措施，达到作业区目测扬尘高度小于1.5m，不扩散到场区外。（3）结构施工、安装装饰装修阶段，作业区目测扬尘高度小于0.5m。对易产生扬尘的堆放材料应采取覆盖措施；对粉末状材料应封闭存放；场区内可能引起扬尘的材料及建筑垃圾搬运应有降尘措施，如覆盖、洒水等；浇筑混凝土前清理灰尘和垃圾时尽量使用吸尘器，避免使用吹风器等易产生扬尘的设备；机械剔凿作业时可用局部遮

挡、掩盖、水淋等防护措施；高层或多层建筑清理垃圾应搭设封闭性临时专用道或采用容器吊运。（4）施工现场非作业区达到目测无扬尘的要求。对现场易飞扬物质采取有效措施，如洒水、地面硬化、围挡、密网覆盖、封闭等，防止扬尘产生。（5）构筑物机械拆除前，做好扬尘控制计划。可采取清理积尘、拆除体洒水、设置隔挡等措施。（6）构筑物爆破拆除前，做好扬尘控制计划。可采用清理积尘、淋湿地面、预湿墙体、屋面敷水袋、楼面蓄水、建筑外设高压喷雾状水系统、搭设防尘排栅等综合降尘。（7）在场界四周隔挡高度位置测得的大气总悬浮颗粒物（TSP）月平均浓度与城市背景值的差值不大于 0.08mg/m³。

2. 噪声与振动控制

（1）现场噪声排放不得超过国家标准《建筑施工场界噪声限值》的规定。（2）在施工场界对噪声进行实时监测与控制。监测方法执行国家标准《建筑施工场界噪声测量方法》。（3）使用低噪声、低振动的机具，采取隔音与隔振措施，避免或减少施工噪声和振动。

3. 光污染控制

（1）尽量避免或减少施工过程中的光污染。夜间室外照明灯加设灯罩，透光方向集中在施工范围。（2）电焊作业采取遮挡措施，避免电焊弧光外泄。

4. 水污染控制

（1）施工现场污水排放应达到国家标准《污水综合排放标准》（GB8978—1996）的要求。（2）在施工现场应针对不同的污水，设置相应的处理设施，如沉淀池、隔油池、化粪池等。（3）污水排放应委托有资质的单位进行废水水质检测，提供相应的污水检测报告。（4）保护地下水环境。采用隔水性能好的边坡支护技术。在缺水地区或地下水位持续下降的地区，基坑降水尽可能少地抽取地下水；当基坑开挖抽水量大于 50 万 m³ 时，应进行地下水回灌，并避免地下水被污染。（5）对于化学品等有毒材料、油料的储存地，应有严格的隔水层设计，做好渗漏液收集和处理。

5. 土壤保护

（1）保护地表环境，防止土壤侵蚀、流失。因施工造成的裸土，及时覆盖砂石或种植速生草种，以减少土壤侵蚀；因施工造成容易发生地表径流土壤流失的情况，应采取设置地表排水系统、稳定斜坡、植被覆盖等措施，减少土壤流失。（2）沉淀池、隔油池、化粪池等不发生堵塞、渗漏、溢出等现象。及时清掏各类池内沉淀物，并委托有资质的单位清运。（3）对于有毒有害废弃物如电池、墨盒、油漆、涂料等应回收后交有资质的单位处理，不能作为建筑垃圾外运，避免污染土壤和地下水。（4）施工后应恢复施工活动破坏的植被（一般指临时占地内）。与当地园林、环保部门或当地植物研究机构进行合作，在先前开发地区种植当地或其他合适的植物，以恢复剩余空地地貌或科学绿化，补救施工活动中人为破坏植被和地貌造成的土壤侵蚀。

6. 建筑垃圾控制

（1）制订建筑垃圾减量化计划，如住宅建筑，每万平方米的建筑垃圾不宜超过400吨。（2）加强建筑垃圾的回收再利用，力争建筑垃圾的再利用和回收率达到30%，建筑物拆除产生的废弃物的再利用和回收率大于40%。对于碎石类、土石方类建筑垃圾，可采用地基填埋、铺路等方式提高再利用率，力争再利用率大于50%。（3）施工现场生活区设置封闭式垃圾容器，施工场地生活垃圾实行袋装化，及时清运。对建筑垃圾进行分类，并收集到现场封闭式垃圾站，集中运出。

7. 地下设施、文物和资源保护

（1）施工前应调查清楚地下各种设施，做好保护计划，保证施工场地周边的各类管道、管线、建筑物、构筑物的安全运行。（2）施工过程中一旦发现文物，立即停止施工，保护现场并通报文物部门，协助做好工作。（3）避让、保护施工场区及周边的古树名木。（4）逐步开展统计分析施工项目的CO_2排放量，以及各种不同植被和树种的CO_2固定量的工作。

（二）节材与材料资源利用技术

1. 节材措施

（1）图纸会审时，应审核节材与材料资源利用的相关内容，达到材料损耗率比定额损耗率降低30%。（2）根据施工进度、库存情况等合理安排材料的采购、进场时间和批次，减少库存。（3）现场材料堆放有序。储存环境适宜，措施得当。保管制度健全，责任落实。（4）材料运输工具适宜，装卸方法得当，防止损坏和遗撒。根据现场平面布置情况就近卸载，避免和减少二次搬运。（5）采取技术和管理措施提高模板、脚手架等的周转次数。（6）优化安装工程的预留、预埋、管线路径等方案。（7）应就地取材，施工现场500公里以内生产的建筑材料用量占建筑材料总重量的70%以上。

2. 结构材料

（1）推广使用预拌混凝土和商品砂浆。准确计算采购数量、供应频率、施工速度等，在施工过程中动态控制。结构工程使用散装水泥。（2）推广使用高强钢筋和高性能混凝土，减少资源消耗。（3）推广钢筋专业化加工和配送。（4）优化钢筋配料和钢构件下料方案。钢筋及钢结构制作前应对下料单及样品进行复核，无误后方可批量下料。（5）优化钢结构制作和安装方法。大型钢结构宜采用工厂制作，现场拼装；宜采用分段吊装、整体提升、滑移、顶升等安装方法，减少方案的措施用材量。（6）采取数字化技术，对大体积混凝土、大跨度结构等专项施工方案进行优化。

3. 围护材料

（1）门窗、屋面、外墙等围护结构选用耐候性及耐久性良好的材料，施工确保密封性、防水性和保温隔热性。（2）门窗采用密封性、保温隔热性能、隔音性能良好的型材和玻璃等材料。（3）屋面材料、外墙材料具有良好的防水性能和保温隔热性能。（4）当屋面或墙体等部位采用基层加设保温隔热系统的方式施工时，应选择高效节能、耐久性好的保温隔热材料，以减小保温隔热层的厚度及材料用量。（5）屋面或墙体等部位的保温隔热系统采用专用的配套材料，以加强各层次之间的黏结或连接强度，确保系统的安全性和耐久性。（6）根据建筑物的实际特点，优选屋面或外墙的保温隔热材料系统和施工方式，例如保温板粘贴、保温板干挂、聚氨酯硬泡喷涂、保温浆料涂抹等，以保证保温隔热效果，并减少材料浪费。（7）加强保温隔热系统与围护结构的节点处理，尽量降低热桥效应。针对建筑物的不同部位保温隔热特点，选用不同的保温隔热材料及系统，以做到经济实用。

4. 周转材料

（1）应选用耐用、维护与拆卸方便的周转材料和机具。（2）优先选用制作、安装、拆除一体化的专业队伍进行模板工程施工。（3）模板应以节约自然资源为原则，推广使用定型钢模、钢框竹模、竹胶板。（4）施工前应对模板工程的方案进行优化。多层、高层建筑使用可重复利用的模板体系，模板支撑宜采用工具式支撑。（5）优化高层建筑的外脚手架方案，采用整体提升、分段悬挑等方案。（6）推广采用外墙保温板替代混凝土施工模板的技术。（7）现场办公和生活用房采用周转式活动房。现场围挡应最大限度地利用已有围墙，或采用装配式可重复使用围挡封闭。力争工地临房、临时围挡材料的可重复使用率达到70%。

（三）节水与水资源利用的技术

1. 提高用水效率

（1）施工中采用先进的节水施工工艺。（2）施工现场喷洒路面、绿化浇灌不宜使用市政自来水。现场搅拌用水、养护用水应采取有效的节水措施，严禁无措施浇水养护混凝土。（3）施工现场供水管网应根据用水量设计布置，管径合理、管路简捷，采取有效措施减少管网和用水器具的漏损。（4）现场机具、设备、车辆冲洗用水必须设立循环用水装置。施工现场办公区、生活区的生活用水采用节水系统和节水器具，提高节水器具配置比率。项目临时用水应使用节水型产品，安装计量装置，采取针对性的节水措施。（5）施工现场建立可再利用水的收集处理系统，使水资源得到梯级循环利用。(6) 施工现场分别对生活用水与工程用水确定用水定额指标，并分别计量管理。(7) 对混凝土搅拌站点等用水集中的区域和工艺点进行专项计量考核。施工现场建立雨水、中水或可再利用水的搜集利用系统。

2. 非传统水源利用

(1) 优先采用中水搅拌、中水养护，尽可能收集雨水养护。(2) 处于基坑降水阶段的工地，宜优先采用地下水作为混凝土搅拌用水、养护用水、冲洗用水和部分生活用水。(3) 现场机具、设备、车辆冲洗、喷洒路面、绿化浇灌等用水，优先采用非传统水源，尽量不使用市政自来水。(4) 大型施工现场，尤其是雨量充沛地区的大型施工现场建立雨水收集利用系统，充分收集自然降水用于施工和生活中适宜的部位。(5) 力争施工中非传统水源和循环水的再利用量大于30%。

3. 用水安全

在非传统水源和现场循环再利用水的使用过程中，应制定有效的水质检测与卫生保障措施，确保避免对人体健康、工程质量以及周围环境产生不良影响。

(四) 节能与能源利用的技术

1. 节能措施

(1) 制定合理施工能耗指标，提高施工能源利用率。(2) 优先使用国家、行业推荐的节能、高效、环保的施工设备和机具，如选用变频技术的节能施工设备等。(3) 施工现场分别设定生产、生活、办公和施工设备的用电控制指标，定期进行计量、核算、对比分析，并有预防与纠正措施。(4) 在施工组织设计中，合理安排施工顺序、工作面，以减少作业区域的机具数量，相邻作业区充分利用共有的机具资源。安排施工工艺时，应优先考虑耗用电能的或其他能耗较少的施工工艺。避免设备额定功率远大于使用功率或超负荷使用设备的现象。(5) 根据当地气候和自然资源条件，充分利用太阳能、地热等可再生能源。

2. 机械设备与机具

(1) 建立施工机械设备管理制度，开展用电、用油计量，完善设备档案，及时做好维修保养工作，使机械设备保持低耗、高效的状态。(2) 选择功率与负载相匹配的施工机械设备，避免大功率施工机械设备低负载长时间运行。机电安装可采用节电型机械设备，如逆变式电焊机和能耗低、效率高的手持电动工具等，以利节电。机械设备宜使用节能型油料添加剂，在可能的情况下，考虑回收利用，节约油量。(3) 合理安排工序，提高各种机械的使用率和满载率，降低各种设备的单位耗能。

3. 生产、生活及办公临时设施

（1）利用场地自然条件，合理设计生产、生活及办公临时设施的体形、朝向、间距和窗墙面积比，使其获得良好的日照、通风和采光。南方地区可根据需要在其外墙窗设遮阳设施。（2）临时设施宜采用节能材料，墙体、屋面使用隔热性能好的材料，减少夏天空调、冬天取暖设备的使用时间及耗能量。（3）合理配置采暖、空调、风扇数量，规定使用时间，实行分段分时使用，节约用电。

4. 施工用电及照明

（1）临时用电优先选用节能电线和节能灯具，临电线路合理设计、布置，临电设备宜采用自动控制装置。采用声控、光控等节能照明灯具。（2）照明设计以满足最低照度为原则，照度不应超过最低照度的20%。

（五）节地与施工用地保护的技术

1. 临时用地指标

（1）根据施工规模及现场条件等因素合理确定临时设施，如临时加工厂、现场作业棚及材料堆场、办公生活设施等的占地指标。临时设施的占地面积应按用地指标所需的最低面积设计。（2）要求平面布置合理、紧凑，在满足环境、职业健康与安全及文明施工要求的前提下尽可能减少废弃地和死角，临时设施占地面积有效利用率大于90%。

2. 临时用地保护

（1）应对深基坑施工方案进行优化，减少土方开挖和回填量，最大限度地减少对土地的扰动，保护周边自然生态环境。（2）红线外临时占地应尽量使用荒地、废地，少占用农田和耕地。工程完工后，及时对红线外占地恢复原地形、地貌，使施工活动对周边环境的影响降至最低。（3）利用和保护施工用地范围内原有绿色植被。对于施工周期较长的现场，可按建筑永久绿化的要求，安排场地新建绿化。

3. 施工总平面布置

（1）施工总平面布置应做到科学、合理，充分利用原有建筑物、构筑物、道路、管线为施工服务。（2）施工现场搅拌站、仓库、加工厂、作业棚、材料堆场等布置应尽量靠近已有交通线路或即将修建的正式或临时交通线路，缩短运输距离。（3）临时办公和生活用房应采用经济、美观、占地面积小、对周边地貌环境影响较小，且适合于施工平面布置动态调整的多层轻钢活动板房、钢骨架水泥活动板房等标准化装配式结构。生活区与生产区应分开布置，并设置标准的分隔设施。（4）施工现场围墙可采用连续封闭的轻钢结构预制装配式活动围挡，减少建筑垃圾，保护土地。（5）施工现场道路按照永久道路和临时道路相结合的原则布置。施工现场内形成环形通路，减少道路占用土地。（6）临时设施布置应注意远近结合（本期工程与下期工程），努力减少和避免大量临时建筑拆迁和场地搬迁。

（六）节能减排

1. 节能减排的意义

我国经济快速增长，各项建设取得巨大成就，但也付出了巨大的资源和环境代价，经济发展与资源环境的矛盾日趋尖锐，群众对环境污染问题反应强烈。这种状况与经济结构不合理、增长方式粗放直接相关。不加快调整经济结构、转变增长方式，资源支撑不住，环境容纳不下，社会承受不起，经济发展难以为继。只有坚持节约发展、清洁发展、安全发展，才能实现经济又好又快发展。同时，温室气体排放引起全球气候变暖，备受国际社会广泛关注。进一步加强节能减排工作，也是应对全球气候变化的迫切需要，是我们应该承担的责任。节能减排是贯彻落实科学发展观，构建社会主义和谐社会的重大举措；是建设资源节约型、环境友好型社会的必然选择；是推进经济结构调整，转变增长方式的必由之路；是提高人民生活质量，维护中华民族长远利益的必然要求。

2. 对节能减排的认识

项目部要充分认识节能减排的重要性和紧迫性，真正把思想和行动统一到国家关于节能减排的决策和部署上来。要结合项目特点，把节能减排任务完成好，要采取有效措施，扎扎实实地开展工作。

3. 狠抓节能减排落实

发挥项目部的施工主导作用，强化管理措施，要建立健全节能减排工作责任制和问责制，一级抓一级，层层抓落实，形成强有力的工作格局。项目部对项目工程节能减排负总责，项目经理是第一责任人。

4. 节能减排综合性工作方案

（1）主要目标

按照国家要求实现本项目最优节能减排目标。

（2）具体措施

与施工单位层层签订绿色施工、节能减排协议书，责任落实到人。减少临时施工占地，施工项目完成后对破坏的临时用地进行恢复；节约生产用水、生活用水，禁止随意排放污水；采用新工艺、新技术、新方法，淘汰能耗大、污染大的施工工艺；坚决杜绝积极性差、尾气排放不达标的机械设备入场。生产用电尽量采用电网动力电，减少排放量；禁止在施工区域随意丢弃工作垃圾和生活垃圾。

第二章 绿色建筑施工

第一节 绿色建筑施工概述

一、绿色施工方案的原则与意义

最大限度地节约资源和能源，减少污染、保证施工安全，减少施工活动对环境造成的不利影响，把实现自然和社会的和谐发展，当成我们的责任予以贯彻落实。

贯彻落实节材、节水、节能、节地和保护环境的技术经济政策，建设资源节约型、环境友好型社会，通过采用先进的技术措施和管理，最大限度地节约资源，提高能源利用率，减少施工活动对环境造成的不利影响。

施工企业建立绿色施工管理，实施绿色施工是贯彻落实科学发展观的具体体现，是建设可持续发展的重大战略性工作，是建设节约型社会、发展循环经济的必然要求，是实现节能减排目标的重要环节，对造福子孙后代具有长远的重要意义。

二、规划管理

项目经理依据已颁布的文献材料组织编制绿色施工组织设计，使工程建设在保证安全、质量等基本要求下，通过施工组织设计、施工过程的严格控制与管理，最大限度地节约资源和减少对环境的不利影响，实现四节一环保（节材、节水、节能、节地和环境保护）以及施工人员的健康和安全。

三、绿色施工的一般规定

定期组织绿色施工教育培训，增强施工人员绿色施工意识；定期对施工现场绿色施工实施情况进行检查，做好检查记录。项目部综合办公室组织对进入施工现场的所有自有员工、工程承包单位的领导及所有施工人员进行绿色施工知识及有关规定、标准、文件和其他要求的培训并进行考核，特别注重对环境影响大（如产生强噪声、产生扬尘，产生污水、固体废弃物等）的岗位操作人员的培训，以保证这些操作人员具有相应的环保意识和工作能力。

在施工现场的办公区和生活区应设置明显的有节水、节能、节约材料等具体内容的警示标语，并按规定设置安全警示标志。

分包单位应服从总包单位的绿色施工管理，并对所承包工程的绿色施工负责。总包与进入施工现场的各工程承包方签订《环境、职业健康安全保护责任书》。

管理人员及施工人员除按绿色规程组织和进行绿色施工外，还应遵守相应的法律、法规、规范、标准和集团公司的相关文件等。

四、主要施工管理措施

（一）资源节约

1. 能源消耗

（1）节能措施

①对施工人员进行教育，提高节能意识。

②建立能源消耗台账，制定节能措施。

③施工过程中要制定节能措施，采用高效节能的设备和产品，提高能源利用效率，减少对大气环境的污染。

④设置专门的监督管理小组，指派专人负责监督检查节水、节电措施的实施，杜绝无谓的浪费。

⑤对施工设备进行定期维护、保养，保证设备运转正常。

⑥临时设施用电设备要使用标有"CCC"标记的合格产品。

⑦施工条件允许，可利用建筑物的永久设施，如围墙、水电设施等。

（2）节能效果

①制订节能计划，采取控制手段（主要为用电）。

②施工现场用电计算应按实际用电负荷加系数的方法或按工程预算负荷适当进行调整。

③办公和生活照明灯要采用先进的节能灯具，做到人离灯闭。电脑、打印设备等工作人员离开要随手关机，以降低电消耗。

④对电消耗量较大的工艺制定专项节能措施。

（3）能源优化

①施工过程中应使用符合国家及地方有关规定的清洁能源或可再生能源，以清洁能源替代污染大的能源。

②施工现场应优先利用可再生能源做临时设施。

2．材料与资源

（1）材料选择

①建筑工程使用的材料，应尽可能就地取材。建筑材料采购要制定明确的环保材料采购条款，对材料供应单位进行审核、比较、挑选。计算本地化材料比例，择其大者选用。

②采取措施，使用对环境无害，对人体健康没有影响的绿色建材。

③严格控制临时设施用料，尽量利用旧料、现场拆卸回收的材料。

④使用的模板、脚手板、安全网等周转材料要选择耐用，维护、拆卸方便，回收方便的材料。

⑤施工中购入的主材、辅材应符合设计对使用绿色材料的要求。材料的各项指标应达到现行国家绿色建材标准要求。

⑥装饰装修材料的购入，尽量选择经过法定检测单位认证的绿色材料，并应按照以下规范、规程要求，进行有害物质评定检查：

a. 达到《民用建筑工程室内环境污染控制规范》要求；

b. 达到《室内装饰装修材料有害物质限量》要求。

⑦混凝土外加剂选择应符合以下标准和规程的要求：

a.《混凝土外加剂应用规程》应符合当地技术要求；

b.《混凝土外加剂中释放氨的限量》要求；

c. 每方混凝土总碱含量应符合当地混凝土工程碱集料反应技术管理规定要求。

（2）材料节约

①制订材料进场、保管、出库计划和管理制度。

②材料合理使用，减少废料率，建立可再生废料的回收管理办法。

③对废料进行二次选用，达到使用条件的要充分利用。

④减少材料运输过程中材料的损耗率，加强施工过程材料可利用率。

⑤周转材料注意维护，延长自有周转材料使用寿命。对租赁的周转材料依据施工周期，精确计算使用天数，不须用时及时退回租赁单位。

⑥要回收利用施工过程中产生的建筑可再利用的材料。

⑦比较实际施工材料消耗量与计算材料消耗量，提高节材率。

（3）资源再利用

①对场地建设现状进行调查，对现有建筑、设施再利用的可能性和经济性进行分析。合理安排工期，利用拟建道路和建筑物，减少资源能源消耗，提高资源再利用率，节约材料与资源。

a. 施工期间充分利用场地及周边现有或拟建道路；

b. 施工期间充分利用场地内原有的给水、排水、供暖、供电、燃气、电信等市政设施；

c. 施工期间临建设施充分利用场地内现有建筑物或拟建建筑物的功能，或使用便于拆卸、可重复利用的材料。

②施工废弃物管理。

a. 制订施工场地废弃物管理计划，对现场堆料场进行统一规划。对不同的进场材料设备进行分类，合理堆放和储存，并挂牌标明标志。重要设备材料利用专门的围栏和库房储存，并设专人管理。

b. 施工过程中，严格按照材料管理办法进行限额领料。对废料、旧料做到每日清理回收。

c. 对可回收利用的施工废弃物，将其直接再应用于施工过程中，或通过再生利用厂进行加工处理，再利用。

（4）水资源保护

①水资源节约。

a. 要制订切实可行的施工节水方案和技术措施，加强施工用水管理，尽量做到回收重复利用；

b. 制订计划严格控制施工阶段用水量，比较实际施工用水量与定额计算用水量，按预算用水量下调3%为施工阶段总用水量；

c. 水消耗量较大的工艺制定专项节水措施，指派专人负责监督节水措施的实施，提高节水率；

d. 生产、生活要推广节水型水龙头和使用变频泵节水器具，实施有效的节水措施，降低用水量。

②水资源利用。

a. 对施工现场的污废水进行综合处理，回收利用；

b. 居住区和建筑排水设置废水回收设施，用于绿地浇灌；

c. 施工过程应充分利用雨水资源，可结合实际情况收集屋顶、地面雨水再利用，或通过采用可渗透的管材、路面材料使雨水能深入地层，保持水体循环。

（二）环境影响

1. 场地环境保护

（1）工程开工前，应对施工场地所在地区的土壤环境现状进行调查，针对土壤情况提出对策，采取科学的保护或恢复措施，防止施工过程中造成土壤侵蚀、退化，减少施工活动对土壤环境的破坏和污染。

（2）施工总平面布置首先应考虑利用荒地、劣地、废地或已被污染的土地。施工现场物料堆放占用场地应紧凑，尽量节约施工用地，如果现场场地狭小，应选择第二场地堆放材料。材料堆放、加工以及工人宿舍等临时用地应尽量利用废地、荒地。

（3）施工中开挖的弃土，有场地堆放的应提前进行挖填平衡计算，尽量利用原土回填，做到土方量挖填平衡。挖出的弃土暂时无法回填利用的，应堆放在安全的、专用的场地上，同时进行覆盖保护。

（4）采取有效措施，防止由于地表径流或风化引起的场地内水土流失（如保护表层土、稳定斜坡、植被覆盖等）。在施工现场出入口和围墙边有条件的地方进行绿化或摆放盆花，美化环境，防止土体流失。

（5）采取有效措施，防止由雨水管道、地表径流和空气带来的杂质、颗粒所产生的沉淀物污染环境。

（6）对不可再生利用的施工废弃物的处理应符合国家及地方法律、法规要求，防止土壤和地下水被污染。

（7）危险品、化学品存放处和危险性废物堆放场应有严格的隔水层设计，做好渗漏液收集和处理工程，防止土壤被污染。

（8）对施工期间破坏植被，造成裸土的地块，及时覆盖砂石或种植速生草种，以减少大风天气对土壤的侵蚀。施工结束后，再恢复其原有植被或进行合理的绿化。

2. 大气环境保护

（1）施工现场扬尘管理应严格遵守《中华人民共和国大气污染防治法》和地方有关法律、法规及规定。施工现场采取有效的防尘和降尘等保护措施。

（2）规划市区的施工现场，混凝土累计用量超过100立方米的工程，应当使用预拌混凝土；施工现场设置砂浆搅拌机，机棚必须封闭，并配备有效降尘防尘装置。

（3）水泥和其他易产生扬尘的细颗粒建筑材料应密闭存放保管，使用过程中要有防护措施。

（4）施工现场裸露地面要派专人负责洒水降尘。对大面积的裸露地面、坡面、集中堆放的土方应采用覆盖或固化的降尘措施，如：绿化、喷浆、隔尘布遮盖、地面硬化或混凝土封盖等。

（5）施工现场设立垃圾站，垃圾实行分类管理，及时分拣、回收和清运现场垃圾。垃圾清运应按照批准路线和时间到指定的消纳场所倾倒。高层或者多层建筑清理施工垃圾，应搭设封闭式临时专用垃圾道或者采用容器吊运。

（6）遇有四级风以上天气不得进行土方回填、转运以及其他可能产生扬尘污染的作业施工。

（7）为了减少现场堆放的回填土过干产生粉尘，除应采取覆盖措施外，还应派专人定时洒水，土的含水率控制在 15%～25% 即可。

（8）清理模板内已绑扎好的钢筋中残留的灰尘和垃圾时要尽量使用吸尘器，不得使用吹风机等易产生扬尘的设备。

（9）在采用机械剔凿作业时，可用局部遮挡、掩盖或采取水淋等防护措施。作业人员必须按规定配备防护用品。

（10）施工现场建立洒水清扫制度，配备洒水设备，有专人负责。

（11）施工现场周围的围挡及大门等的设置应符合《北京宏伟建筑工程有限公司企业标准》要求，围挡要保持清洁、严密。

3. 废气排放

（1）施工车辆、机械、设备的尾气排放，应符合国家或地方规定的车辆排气污染物的排放标准。

（2）施工车辆、机械、设备应定期维护，保持良好运作状态。

（3）采取有效措施减少车辆尾气中有害成分的含量，应选择清洁燃油、代用燃料或安装尾气净化装置和高效燃料添加剂等。

（4）建筑材料采购要严格按照《民用建筑工程室内环境污染控制规范》的相关规定执行。严禁使用对人体产生危害、对环境产生污染的产品。

（5）民用建筑工程室内装修中所使用的木板及其他木质材料，严禁采用沥青类防腐、防潮处理剂。

（6）施工过程中所使用的阻燃剂、混凝土外加剂氨的释放量不应大于 0.10%，测定方法应符合现行国家标准《混凝土外加剂中释放氨的限量》的规定。

（7）对引进的"四新"技术产品应事前进行调查、评估，如使用的产品对环境及人体健康产生不利的影响，应实行否决。

（8）施工地段土壤含氨量浓度高于周围非地质构造断裂区域 3 倍及以上，5 倍以下时，施工前要制订可靠的施工方案，施工过程中要严格按照施工方案执行。

4. 噪声影响

（1）施工现场应严格按照国家标准《建筑施工场界噪声限值》的要求，将噪声大的机具合理布局，闹、静分开。合理安排噪声作业时间，减轻噪声扰民。

（2）对施工机具设备进行良好维护，从声源上降低噪声。施工过程中设专人定期对搅拌机进行检查、维护、保养，如发现有松动、磨损，及时紧固或更换，以降低噪声的同时保证施工过程中处于良好的运行状态。

（3）对搅拌机、空气压缩机、木工机具等噪声大的机械，尽可能安排远离周围居民区一侧，从空间布置上减少噪声影响。

（4）施工现场应选用能耗低、性能好、技术含量高、噪声小的电动工具。

（5）对人为的施工噪声应有管理制度和降噪措施，如：施工时严禁敲打料斗、钢筋。夜间运输材料的车辆，进入施工现场严禁鸣笛；装卸材料应做到轻拿轻放等，最大限度地减少噪声扰民。

（6）对混凝土输送泵、振捣棒、木工棚、包锯、钢筋加工场等强噪声设备，要采取降噪防护措施：

①施工中混凝土振动棒、手动电锤、锯等机具，通过时间安排上减少噪声影响；

②现场混凝土输送泵应设置隔音棚遮挡，实行封闭式隔音处理；

③现场混凝土振捣采用低噪声振捣棒，振捣混凝土时，不得振钢筋和模板，并做到快插慢拔，减少噪声的排放；

④模板加工的木工棚采用全封闭房间，门口挂降噪屏（工作时放下，起到隔音的作用），窗户用降噪屏封闭；

⑤现场进行钢筋加工及成型时，将钢筋加工机械安放在平整度较高的平台上，下垫木板，并定期检查各种零部件，如发现零部件有松动、磨损，及时紧固或更换；

⑥进行夜间施工作业的模板、脚手架支搭、拆除搬运时必须轻拿轻放；

⑦根据噪声防治需要，将外脚手架满挂密目安全网，并在结构施工楼层设置降噪围挡；

⑧施工现场界内应设置噪声监控点，监测方法执行《建筑施工场界噪声测量方法》，噪声值不应超过国家或地方噪声排放标准。

（7）根据建筑施工场界环保噪声标准（分贝）昼夜施工要求的不同，应合理协调安排分项施工的作业时间：

①施工应安排在6:00—22:00之间进行，因生产工艺上要求必须连续作业或者特殊要

求，确须在 22 时至次日 6 时期间进行施工的，要会同建设单位一起向工程所在地区、县建设行政主管部门提出申请，经批准后方可进行夜间施工；

②必须进行夜间施工作业的，建设单位应当会同施工单位做好周边居民工作，并公布施工期限；

③在高考期间和高考前半个月内，除按国家有关环境噪声标准要求对施工现场的噪声进行严格控制外，夜间应严禁施工。

5. 水污染

（1）施工现场污水排放标准应符合国家标准《污水综合排放标准》的要求。对暴雨径流、生活污水、工程污水等不同来源的工地污水，采取去除泥沙、去除油污、分解有机物、沉淀过滤、酸碱中和等有针对性的处理方式。

（2）生活污水排放处理措施。

①施工现场食堂、餐厅应设隔油池，生活污水经隔油池沉淀后排入污水管网。隔油池应及时清理，并送到指定的地方进行消纳。生活垃圾运出现场前必须覆盖严实，不得出现遗撒。清运单位必须持有相关部门批准的废弃物消纳资质证明和经营许可证。

②工地采用环保移动厕所、微生物处理机和可进行酸碱综合处理污水的先进设备及污水处理技术，要定期委托环卫部门及时清理。

③临时厕所污水不准排入市政污水管道，应采用小型化粪池及渗透井对厕所污水进行处理。

（3）生产污水排放处理措施。

①生产污水、污油排放应在工程开工前 15 日内，由项目经理部负责到工程所在区县环保局进行排污申报登记。工程污水经沉淀池处理后才能排入市政污水管道。

②混凝土输送泵及运输车辆清洗处应设置沉淀池（沉淀池的大小根据工程排污量设置），经二次沉淀后循环使用或用于施工现场洒水降尘。废水不得直接排入市政污水管线。

③施工现场应尽量不设置油料库，若必须存放油料的，应对油料存储和使用采取措施，对库房进行防渗漏处理，防止油料泄漏，污染土壤水体。

6. 光污染

（1）对施工场地直射光线和电焊眩光进行有效控制或遮挡，避免对周围区域产生不利干扰；

（2）电焊作业应采取遮挡措施，避免电焊眩光外泄；

（3）施工现场大型照明灯安装要有俯射角度，要设置挡光板控制照明光的照射角度，应无直射光线射入非施工区；

（4）夜间施工使用的照明灯，要采取遮光措施，限制夜间照明光线溢出施工场地以外范围，不对周围住户造成影响。

7. 施工周边区域的安全保护

（1）工程开工前必须会同建设、监理单位对施工现场的周边交通、行人、集贸市场和学校等人流密集区域，毗邻的高压线及建筑物、构筑物的安全状况，周边水体、地下管线等进行安全评估，制定相应的防范措施。

（2）施工期间采取措施保护地下各类管线，对不明情况应与相关单位取得联系或采用超声探测，及时了解场区周边情况。对于继续使用的地下管线应提出切实可行的保护措施。

（3）合理布置大型机械，实施科学的施工方案，确保施工不影响周边建筑物、构筑物安全，避免对周围建筑、居民区产生有害干扰。

（4）施工过程中应对周边建筑物、构筑物及人员的安全做好防护、保护工作。

（5）施工期间对周边建筑物进行监测，重点部位设立防护监测点，如：建筑物的沉降观测，临街道路的行人、车辆安全防护，高压线的防护等，对不利情况提出预警，及时制订应急预警方案。

8. 古树、名木与文物保护

（1）施工期间应认真学习文物保护法规，严格按照《中华人民共和国文物保护法》的规定，依法处理和保护施工过程中发现的文物。对必须原地保护的古树名木，应提出保护或处理方案，并报园林、林业部门批准。

（2）建设项目涉及古树名木的，在规划、设计和施工、安装中，应当采取避让保护措施。建设单位报古树名木行政主管部门批准，未经批准，不得施工。

（3）施工过程中一旦发现文物，立即停止施工，保护现场并立即通报文物部门。应积极协助文物部门工作，提供一定人力、物力或财力，对现场文物抢救、发掘工作给予支持。

（4）因特殊情况确须迁移古树名木的，应当经市古树名木行政主管部门审核，报市政府批准后，办理移植许可证，按照古树名木移植的有关规定组织施工。移植所需费用，由建设单位承担。

（5）施工现场文物保护应急规定。

①工程项目场址内因特殊情况不能避开地上文物，应积极履行经文物行政部门审核批准的原址保护方案，确保其不受施工活动损害。

②对场地内无法移栽，必须原地保留的古树名木划定保护区域，并履行园林部门批准

的保护方案。

③塔吊安装高度必须高于古树，加强起重工培训。安装过程中，调运物资高度必须高于古树顶部且尽量在古树上部绕行。

④引入附近水源，利用旋喷龙头定期对古树进行浇水养护。

⑤古树临道位置设立防护栏杆及标志牌，避免车辆行驶及转弯过程中刮到古树。

第二节　地基及基础工程施工

一、常用的地基处理方法

地基处理就是按照上部结构对地基的要求，对地基进行必要的加固或改良，提高地基土的承载力，保证地基稳定，减少房屋的沉降或不均匀沉降，消除湿陷性黄土的湿陷性，提高抗液化能力，等等。常用的人工地基处理方法有换土垫层法、重锤表层夯实、强夯、振冲、砂桩挤密、深层搅拌、堆载预压、化学加固等。

1. 换土垫层法

当建筑物基础下的持力层比较软弱，不能满足上部荷载对地基的要求时，常采用换土垫层法来处理软弱地基。换土垫层法是先将基础底面以下一定范围内的软弱土层挖去，然后回填强度较高、压缩性较低，并且没有侵蚀性的材料，如中粗砂、碎石或卵石、灰土、素土、石屑、矿渣等，再分层夯实后作为地基的持力层。换土垫层按其回填的材料可分为灰土垫层、砂垫层、碎（砂）石垫层等。

2. 夯实地基法

锤击加固土层的厚度与单击夯击能有关，重锤夯实法由于锤轻、落点底，只能加固基土表面，而强夯法根据锤重和落点距，可以加固 5～10m 深的基土。

3. 挤密桩施工法

（1）灰土挤密桩

灰土挤密桩是利用锤击将钢管打入土中，侧向挤密土体形成桩孔，将管拔出后，在桩孔中分层回填 2∶8 或 3∶7 灰土并夯实而成，与桩间土共同组成复合地基以承受上部荷载。

适用于处理地下水位以上、天然含水量 12%～25%、厚度 5～15m 的素填土、杂填土、湿陷性黄土以及含水率较大的软弱地基等。

（2）砂石桩

砂桩和砂石桩统称砂石桩，是指用振动、冲击或水冲等方式在软弱地基中成孔后，再将砂或砂卵石（或砾石、碎石）挤压入土孔中，形成大直径的由砂或砂卵（碎）石所构成的密实桩体，适用于挤密松散砂土、素填土和杂填土等地基，起到挤密周围土层、增加地基承载力的作用。

（3）水泥粉煤灰碎石桩

水泥粉煤灰碎石桩（简称 CFG 桩），是近年发展起来的处理软弱地基的一种新方法。它是在碎石桩的基础上掺入适量石屑、粉煤灰和少量水泥，加水拌和后制成的具有一定强度的桩体。

4. 深层密实法

（1）振冲法

振冲法又称振动水冲法，是以起重机吊起振冲器，启动潜水电机带动偏心块，使振冲器产生高频振动，同时开动水泵，通过喷嘴喷射高压水流成孔，然后分批填以砂石骨料，借振冲器的水平及垂直振动，振密填料，形成的砂石桩体与原地基构成复合地基，以提高地基的承载力，减少地基的沉降和沉降差的一种快速、经济有效的加固方法。振冲桩适用于加固松散的砂土地基。

（2）深层搅拌法

深层搅拌法是利用水泥浆做固化剂，采用深层搅拌机在地基深部就地将软土和固化剂充分拌和，利用固化剂和软土发生一系列物理、化学反应，使之凝结成具有整体性、水稳性好和较高强度的水泥加固体，与天然地基形成复合地基。

深层搅拌法适于加固较深、较厚的淤泥、淤泥质土、粉土和承载力不大于 0.12MPa 的饱和黏土和软黏土、沼泽地带的泥炭土等地基。

5. 预压法——砂井堆载预压法

砂井堆载预压是在含饱和水的软土或杂填土地基中用钢管打孔，灌砂设置一群排水砂桩（井）作为竖向排水通道，并在桩顶铺设砂垫层作为水平排水通道，先在砂垫层上分期加荷预压，使土中孔隙水不断通过砂井上升至砂垫层，排出地表，从而在建筑物施工之前，地基土大部分先期排水固结，减少了建筑物沉降，提高了地基的稳定性。适用于处理深厚软土和冲填土地基，多用于处理机场跑道、水工结构、道路、路堤、码头、岸坡等工程地基，对于泥炭等有机质沉积地基则不适用。

二、基础阶段绿色施工要求

（一）环境保护

基础阶段主要影响环境因素包括工前清场、搭建临时设施、场地平整、地面挖掘、施工设备安装、建筑材料运输、工程施工和完工清场等活动，可能发生水污染、空气污染、噪声污染、产生固体废物等环境影响。

1. 扬尘污染控制

从事土方、渣土和施工垃圾的运输使用密闭式运输车辆，现场出入口处设置防尘设施。采用土工布铺设路面，出场时车辆清理干净，不将泥沙带出现场。

施工现场制定人员清扫、洒水制度并配备洒水设备，指定专人负责。现场配置一辆洒水车进行路面洒水。

拆除支撑时在拆除支撑部位进行先洒水后拆支撑的方法防止扬尘污染。

2. 水土污染控制

施工现场混凝土输送泵及运输车辆清洗处设置沉淀池、废水经三级沉淀后循环使用或用于洒水降尘。

3. 噪声污染控制

采用噪声测试仪实行现场噪声实时监控。

现场施工人员提倡文明施工，加强人为噪声的控制，减少人为的大声喧哗，增强全体施工生产人员防噪扰民的自觉意识。在拆除内支撑梁时在破碎机钻头上装有临时噪声防护棚以降低噪声。合理安排施工生产时间，使产生噪声大的工序尽量在白天进行。脚手架支拆、搬运、修理等轻拿轻放，上下左右有人传递，减少人为噪声。

夜间施工采用低噪声振捣棒最大限度地掩盖施工噪声，材料运输车辆进入现场严禁鸣笛，装卸材料必须轻拿轻放。施工现场凡产生强噪声的机械设备（电锯）均应封装使用。电锯房门窗应做降噪封闭。

4. 垃圾控制

施工现场垃圾在分拣后日产日清，垃圾池封闭管理。

生活垃圾按环卫部门的要求分类，垃圾桶按可回收利用与不可回收利用两类设置。定位摆放，定期清运；建筑垃圾应分类集中堆放，定期清理，合理利用。

5. 土壤保护

施工现场主要道路及非主要道路均采用 C20 砼 100mm 厚进行硬化处理，办公区内裸露的场地采用种植绿化，停车场采用透水砖铺砌。

（二）节材与材料资源利用方面

1. 综合材料节约措施

坚持实事求是的原则，不粗估冒算，提高计划的准确性，防止因计划不周造成的积压、浪费现象的产生。坚持勤俭节约，反对浪费的原则，挖掘企业内部潜力，开展清仓利库的工作。坚持计划的严肃性与方法的灵活相结合，严格执行既定计划。

2. 现场管理

加强对计量工作和计量器具的管理，对进入现场的各种材料要加强验收、保管工作，减少材料的缺方亏损，最大限度地减少材料的人为和自然损耗。加强材料平面布置及合理堆放，防止因堆放不合理造成损坏和浪费。要按劳取酬，按照《限额领料考评标准》和《限额领料方法》的要求认真落实，避免只干不算或先干后算的情况发生。用经济手段做好材料管理，签订材料承包合同。

3. 主要材料节约措施

增加钢材综合利用率，完善钢筋翻样配料工作，提高钢筋加工配料的准确性，减少漏项，消灭重项、错项。加强对钢板、钢管等周转材料的管理，使用后要及时维修保养，不许挂截、垫道、车轧、土埋。搞好修旧利废工作，对各种铁制工具应及时保养维修，延长试用期，节约钢材和资金。

严禁优材劣用、长材短用、大材小用，合理使用木材，拆模后及时将木模板、木支撑等清点、整修、堆放整齐，防止车轧土埋，减少模板和支撑物的损坏。加速木材料的周转，胶合板至少使用6次，木支撑要使用12～15次，注重木材料的调剂工作，根据木质、长短等情况，规定不同的价格，以利于木材周转使用。采用以钢代木、以塑代木等形式节约木材。

材料库房采用可拆卸周转的型钢货架，做到所有材料分类堆放，标示明确，楼层临边及洞口安全防护均采用定性化工具式防护，方便使用，周转率高。

（三）节水和水资源利用方面

实行用水计量管理，严格控制施工阶段的用水量。施工用水装设水表，生活区与施工区分别计量。收集施工现场的用水资料，建立用水节水统计台账，并进行分析、对比，提高节水率。

施工现场生产、生活用水使用节水型生活用水器具，在水源处应设置有明显的节约用水标志。水池、卫生间采用节水型水龙头、低水量冲洗便器。施工现场设置废水回收设施，对废水进行回收后循环利用，冲车池及洗车池设沉淀池及清水池，对洗车、冲车污水进行重复循环利用，洗泵及雨水用三级沉淀池，进行废水再利用。

施工现场养护混凝土及清洗路面采取节水措施。

施工现场制定人员清扫、洒水制度并配备洒水设备，指定专人负责。现场设置一辆洒水车进行路面洒水。

（四）节能与能源利用方面

规定合理的温、湿度标准和使用时间，提高空调的运行效率，夏季室内空调温度设置不低于26℃，空调运行期间关闭门窗。并且空调对于在现场工作人员限制开放时间，白天12:00—14:00休息时间不供电。

实行用电计量管理，严格控制施工阶段的用电量。装设电表，生活区与施工区分别计量，用电电源处设置明显的节约用电标志，同时施工现场建立照明运行维护和管理制度，收集用电资料，建立用电统计台账，提高节电率，施工现场分别设定生产、生活、办公和施工设备的用电控制指标，定期进行计量、核算、对比分析，并有预防与纠正措施。

安装新型节能灯具，具有声控和光控效果，减少用电量。

建立施工机械设备管理制度，开展用电、用油计量，完善设备档案，及时做好维修保养工作，使机械设备保持低耗、高效的状态。选择功率与负载相匹配的施工机械设备，避免大功率施工机械设备低负载长时间运行。机电安装可采用节电型机械设备，如逆变式电焊机和能耗低、效率高的手持电动工具等，以利节电。机械设备宜使用节能型油料添加剂，在可能的情况下，考虑回收利用，节约油量。

第三节 砌体工程绿色施工

一、墙体主要材料

主楼及车库墙体主要材料有蒸压加气混凝土砌块（以下称加气块）和轻质混凝土空心条板（以下称空心条板）两种。所有二次结构中过梁、构造柱、抱框柱、混凝土带、坎台、挡水门槛等的混凝土强度等级均为C25细石混凝土，10mm及以上钢筋采用HRB400，8mm及以下钢筋采用HPB335，内墙砌筑砂浆采用M5.0专用砂浆，外墙砌筑砂浆采用M10.0专用砂浆。

坎台仅在卫生间、厨房砌筑墙体和轻质条板隔墙下使用。其中轻质条板隔墙下的 100 宽坎台通过植 C10φ500 钢筋与结构楼板固定，另增加 A6 水平筋一道。加气块墙（空心条板隔墙）与钢筋混凝土墙、柱、构造柱结合缝处以及空心条板隔墙之间为防止抹灰开裂，在抹灰层下和接缝处贴放钢丝网片，网片宽 300mm，沿结合缝居中通长设置。楼梯间的填充墙，应采用钢丝网砂浆面层加强。

所有管道井、强弱电间、设备间门的内侧均设置 200mm 高的现浇混凝土挡水门槛，宽度同墙宽，长度同门洞宽。

二、安全文明施工保证措施

在工人进场接受入场教育时，统一发放由项目部组织从劳保商店或建筑防护专卖店购买的具备出厂合格证的安全帽，并示范正确的安全帽佩戴方法，严禁佩戴摩托车帽或不合格的安全帽。

采购安全带必须是国家认可的合格产品。安全带使用 2 年后，根据情况，必须通过检验合格方可使用。安全带应高挂低用，注意防止摆动碰撞，不准将绳打结使用，也不准将钩直接挂在安全绳上合用，应挂在连接环上，要选择在牢固构件上悬挂。安全带上的各种部位不得任意拆掉。

预留洞口的临时防护栏杆、防护板应在安装正式栏杆或设备等时才能拆除，且应随正式栏杆或设备安装的进度进行拆除，不能一拆到底。拆除时质安员应在现场进行监督，应注意材料的堆放，不能乱抛乱扔，以防伤害他人。

墙体砌筑高度超过 1.2m 时，必须及时搭设门式钢管脚手架。不准用不稳定的工具或物体在脚手板面上垫高工作。高处操作时要挂好安全带，安全带挂靠点要牢固。

在楼层施工时，堆放机具砖块等不得超过使用荷载。

不得勉强在超过胸部以上的墙体上进行砌筑，以免将墙体碰撞倒坍或上砖时失手掉下造成安全事故。

砌块在楼面卸下堆放时，严禁倾卸及撞击楼板。在楼板上堆放砌块，宜分散堆放，不得超过楼板的设计允许承载能力。

空心条板安装保证 3 人一组，竖板时在下部垫好木方，一人撬动空心条板，两侧有人扶稳，防止空心条板倾倒伤人。各楼层上的水平运输应使用专用小推车，或者也可使用 800mm 的结实木棒从两端插入空洞抬运。

空心条板的运输：空心条板一般用提升架送往各楼层。如采用塔式起重机运输，应设集装托板，考虑空心条板侧立的抗弯性能较好，应将空心条板侧立捆扎牢固，用木板等衬垫对钢丝绳与空心条板接触部位加以保护，起吊时吊点位置、吊索与构件的水平夹角等应符合构件安装的有关规定，吊运中不得损坏。

三、绿色施工措施

绿色施工是指工程建设中，在保证质量、安全等基本要求的前提下，通过科学管理和技术进步，最大限度地节约资源并减少对环境负面影响的施工活动，实现节能、节地、节水、节材和环境保护（"四节一环保"）。实施绿色施工，应依据因地制宜的原则，贯彻执行国家、行业和地方相关的技术经济政策。绿色施工应是可持续发展理念在工程施工中全面应用的体现，绿色施工并不仅仅是指在工程施工中实施封闭施工，没有尘土飞扬，没有噪声扰民，在工地四周栽花、种草，实施定时洒水等这些内容，它涉及可持续发展的各个方面，如：生态与环境保护、资源与能源利用、社会与经济的发展等内容。

提高人们的绿色施工意识、建立和完善法规制度体系和评价体系，是促进绿色施工的必要措施。随着可持续发展战略的进一步实施，实施绿色施工必将成为社会的必然选择。

砌筑工程施工中除涉及砌筑和空心条板固定外，还包括混凝土分项工程（过梁、构造柱、抱框柱、混凝土带、坎台、挡水门槛）、钢筋工程（拉结筋）、模板及脚手架等内容，针对砌体工程的特点，从环境保护、节约资源等几个方面制定绿色施工措施。

1. 环境保护

（1）工程二次结构施工采用预制干混砂浆。

（2）砂子以及石子在粒径小于某值时采取覆盖措施。现场设立防雨雪、大风的覆盖设施，如：防雨彩条布、塑料布等，防止恶劣天气下材料被冲刷及扬尘。

（3）施工运输机械，如：对砌体运输车辆、砂浆运输车辆及砂浆制各材料的运输车辆进行检查，确保达到相应尾气排放要求。

（4）运输车辆采取相应的防遗撒措施，如加设封闭隔板等。出场前车辆进行车身及轮胎冲洗，车辆冲洗水连同砂浆制备产生污水经现场污水收集设施疏导至沉淀池。

（5）砌体砌筑前，先对基层及砌块进行洒水湿润，洒水避免过多造成泥泞或洒水不足造成扬尘。

（6）砌块切割应优先在封闭切割棚内进行。施工时工作人员应佩戴口罩、手套等。

（7）砂浆在使用过程中采取措施避免撒漏，遇到恶劣天气，妥善存放，防止被冲刷，造成施工现场污染。

（8）室外砌筑工程遇到下雨时应停止施工，并用塑料布覆盖已经砌好的砌体，以防止雨水冲刷造成污染和材料损耗。

（9）灰浆槽使用完后及时清理干净后备用，以防固化后清理产生扬尘、固体废弃物及噪声。

（10）冬期施工时，应优先采用外加剂方法进行防冻，避免采用原材料蓄热及外部加热等施工方法。

（11）现场遗撒材料及时清理、收集。成品砂浆包装袋、水泥袋、损坏的皮数尺、墨斗、弹线、清理用纱布等及时清理，交给相应职能部门处理，严禁现场焚烧。

2. 节水与水资源利用

（1）定期检验整修施工现场的输水管线，保证其状态良好。

（2）输水管线采用节水型阀门。

（3）做好施工现场砌块（包括砖）、石材等须浸润材料的进场和使用时间规划，按时洒水浸润，避免重复作业。

（4）浸润用水依据砌块数量确定用水量，如砖含水率宜取 10%～15%，严禁大水漫灌。

（5）制备砂浆用水、砌体浸润用水及基层清理用水优先采用经沉淀后达到使用要求的再生水以及雨水、河水和施工降水等。

3. 节材与材料资源利用

（1）材料在运输过程中采取措施防止撒漏，如规定车辆运输时材料应低于车帮 50mm，现场运输应低于容器边沿 50mm 等。

（2）施工前对砂浆使用量进行规划计算，避免砂浆采购进场或制备后不能在初凝前使用完毕。

（3）对现场砂浆及原料做好保管工作，尽量采用封闭存放，当能确保大部分良好天气情况下露天堆放不对环境造成不可控影响时，可采用露天存放，但现场要配备相应的覆盖设施，如防雨布、草栅等。

（4）及时收集天气信息，做好天气预报工作，有针对性做好成品砂浆、砂石、水泥等的保管工作。

（5）认真进行定位放线，包括墙体轴线、外边线、洞口线以及第一皮砌块的分块线等，砌筑前经复核无误后方可施工。

（6）砌块浸润应充分合理，避免由于浸润用水过多造成砂浆易撒落以及用水过少导致不易黏结。

（7）排砖撂底时进行专门设计，避免砌筑过程中砍砖（或砌块）过多。

（8）可选范围内，尽量使预埋件（预留孔）与砌体材料的规格一致，避免砍砖及后期剔凿。

（9）砌筑时，在根部设置洁净木板等收集撒落的砂浆，并进行及时清理和再利用。对于砌筑时挤出墙面的舌头灰，用灰刮将其收集利用。

（10）建立半砖（砌块）材料的再利用制度，规定再利用砌块的规格（如超过40%），对某一规格范围内的半砖进行回收、分类和再利用。

4. 节能与能源利用

（1）砂浆、制备原料及施工机具等在满足施工要求的前提下，采取就近采购原则。

（2）砂浆制备时，工人、砂石、水泥、水、搅拌机、运输机械合理配置，紧密衔接，确保施工连续流畅，避免施工间断造成机械空载运行。

（3）冬期施工中砂浆的运输和存放采用保温容器。

（4）优先采用加防冻剂方法防止砂浆冻凝。

5. 节地与施工用地保护

（1）砂浆（或砂浆制备材料）、砌块分批进场，材料堆场周转使用，提高土地利用率。

（2）现场制备砂浆时，原料堆放场地设立维护设施，提高单位面积场地利用效率。

（3）砌块类材料进场后多层码放，提高单位面积场地的利用效率。

（4）做好水泥、砂浆等的保存及使用管理，防止胶凝材料污染土地。

（5）对非规划硬化区域进行标示，并设立警戒线，砂浆等撒落后及时清理，防止被硬化。

第四节　装饰工程绿色施工

一、施工概况

（一）确定总的施工程序

建筑装饰工程施工程序一般有先室外后室内、先室内后室外及室内室外同时进行三种情况。应根据工期要求、劳动力配备情况、气候条件、脚手架类型等因素综合考虑。

室内装饰的工序较多，一般是先做墙面及顶面，后做地面、踢脚，室内外的墙面抹灰应在装完门窗及预埋管线后进行；吊顶工程应在通风、水电管线完成安装后进行，卫生间装饰应在做完地面防水层、安装澡盆之后进行，首层地面一般留在最后施工。

（二）确定流水方向

单层建筑要定出分段施工在平面上的流水方向，多层及高层建筑除了要定出每一层楼在平面上的流向外还要定出分层施工的施工流向，确定流水方向需要根据以下几个因素：

建筑装饰工程施工工艺的总规律是先预埋，后封闭，再装饰。在预埋阶段，先通风，后水暖管道，再电气线路；封闭阶段，先墙面，后顶面，再地面；调试阶段，先电气，后水暖，再空调；装饰阶段，先油漆，后糊裱，再面板。建筑装饰工程的施工流向必须按各工种之间的先后顺序组织平行流水，颠倒工序就会影响工程质量及工期。对技术复杂、工期较长的部位应先施工。有水、暖、电、卫工程的建筑装饰工程，必须先进行设备管线的安装，再进行建筑装饰工程施工。

建筑装饰工程必须考虑满足用户对生产和使用的需要。对要求急的应先进行施工，对于高级宾馆、饭店的建筑装饰改造，往往采用施工一层交一层的做法。

（三）如何确定施工顺序

施工顺序是指分部分项工程施工的先后顺序，合理确定施工顺序是编制施工进度计划，组织分部分项施工的需要，同时也是为了解决各工种之间的搭接、减少工种间交叉破坏，达到预定质量目标，实现缩短工期的目的。

1. 确定施工顺序需要考虑的因素

（1）遵循施工总程序，施工总体施工程序规定了各阶段之间的先后次序，在考虑施工顺序时应与之相适应。

（2）按照施工组织要求安排施工顺序并要符合施工工艺的要求。

（3）符合施工安全和质量的要求。如外装饰应在无屋面作业的情况下施工；地面应在无吊顶作业的情况下施工；大面积刷油漆应在作业面附近无电焊的条件下进行。

（4）充分考虑气候条件的影响。如雨季天气太潮湿不宜安排油漆施工；冬季室内装饰施工时，应先安门窗和玻璃，后做其他项目；高温不宜安排室外金属饰面板类的施工。

2. 装饰工程施工顺序

（1）装饰工程分为室外装饰工程和室内装饰工程。室外装饰和室内装饰的施工顺序通常有先内后外、先外后内和内外同时进行三种顺序。具体选择哪种顺序可根据现场施工条件和气候条件以及合同工期要求选定。通常外装饰湿作业、涂料等项施工应尽可能避开冬、雨季进行，干挂石材、玻璃幕墙、金属板幕墙等干作业施工一般受气候影响不大。外墙湿作业一般是自上而下（石材墙面除外），干作业一般采取自下而上进行。

（2）自上而下的施工通常是指主体结构工程封顶、做好屋面防水层后，从顶层开始，逐层往下施工。此种方式的优点是：新建工程的主体结构完成后，有一定的沉降时间，能保证装饰工程的质量；做好屋面防水层后，可防止在雨季施工时因雨水而影响装饰工程质量；自上而下的施工，各工序之间交叉少，便于组织施工；从上往下清理建筑垃圾也较为方便。缺点是不能与主体施工搭接，施工周期长。

（3）自下而上的起点流向，是指当结构工程施工到一定层后，装饰工程从最下一层开始，逐层向上进行。优点是工期短，特别是高层和超高层建筑工程其优点更为明显，在结构施工还在进行时，下部已经装饰完毕。缺点是工序交叉多，需要很好地组织，并采取可靠的措施和成品保护措施。

（4）自中而下，再自上而下的起点流向，综合了上述两者的优缺点，适用于新建工程的中高层建筑装饰工程。

（5）室内装饰施工的主要内容有：顶棚、地面、墙面装饰，门窗安装和油漆，固定家具安装和油漆，以及相应配套的水、电、风口（板）安装，灯饰、洁具安装等。施工顺序根据具体条件不同而不同。其基本原则是："先湿作业，后干作业""先墙顶，后地面""先管线，后饰面"，房间使用功能不同，做法不同施工顺序也不同。

（6）例如大厅施工顺序：搭架子→墙内管线→石材墙柱面→顶棚内管线→吊顶→线角安装→顶棚涂料→灯饰、风口、烟感、喷淋、广播、监控安装→拆架子→地面石材安装→安门扇→墙柱面插座、开关安装→地面清理打蜡→交验。

二、影响装修装饰工程质量的前提和基础

在环境问题越来越严峻的今天，在装饰装修过程中始终贯彻绿色施工的环保理念变得尤为重要。装饰装修作为建筑施工中的一个重要分支，在建材生产和建筑施工过程中耗能巨大，还会相应地带来大量建筑废料、有毒废水、粉尘、噪声等危害环境等问题。传统施工中，人们对于环境的装饰装修普遍止于使用及审美方面，对装饰装修材料的环保性能相对考虑不足，随着人们的生活水平及知识水平认知方面提升的同时，也对建筑施工中装修装饰的绿色施工给予了更为密切的关注。

绿色施工是将一个"绿色"的理念融入施工过程中，使用健康环保的装饰装修材料，应用环保节能的施工技术，大大减少建筑施工对环境造成的影响，是社会和环境的共同企盼和要求。这种绿色施工模式也将逐渐成为整个建筑工程施工领域中贯彻落实可持续生态化发展战略的必然选择。

（一）绿色设计是前提

现代人生活更多地注重环境绿色和安全，因此在设计时应尽力做到将室内环境与室外

环境相呼应，使人们生活在室内也能感受到室外的那份清净和自然。设计可以采用室内通透的方法，给人一个流动的空间环境，使室内可以获得更多的阳光和新鲜空气。同时还可以利用盆景、盆栽或插花等将室内环境改善，增加绿色的面积。在屋内设计壁画、植物等，可以使居民切身感受到绿色的感觉。

（二）绿色建材是基础

装饰构件等材料是完成工程的基本条件，为了保证工程主体具有较高的使用质量及较高的使用寿命，就要采用绿色环保的材料进行科学合理的组合安排。绿色环保建设材料是指在原材料采用产品制造、工程应用、废料处理和材料再循环等方面，对人类健康有益而且对地球环境问题负荷小的材料。

1. 绿色建材一般具有以下特点

首先，无毒、无害、无污染。在施工过程中及装饰装修完毕入住后不会散发甲醛、苯、氨气等有毒有刺激性气味的气体，阻燃，无有害辐射，火烧后不会产生有害烟气及粉尘。其次，对人体有一定的保健功能，具有缓解人体疲劳，加速血液循环，防治心脑血管疾病的发生，保护视力等功能。最后，绿色建材不易锈蚀，经久耐用。在房地产如此飞速发展的今天，对于装饰装修工程来讲，应当最大限度地降低资源的浪费，降低成本，避免因材料选择不当造成的维护困难、老化快、扭曲变形、安全性较低、存在安全隐患，强度不足，甚至松动脱落等现象的出现。因此施工前要根据材料本身的物理及化学特性对材料进行合理的选择与使用，保证工程整体的价值。

2. 绿色建材的选择

在对绿色建材进行选择时，首先应观察是否标有国家检验部门认定合格的中国环境安全标志。在实际装修涂料的选取时尽量选择无机的或者水溶性强的材料，在使用有机涂料时，少加有机助剂，避免挥发性有害气体出现。选取油漆时尽量使用硝基及聚酯类油漆，这些类型的油漆粉刷后溶剂挥发速度快，成膜所需时间短，这样可以有效降低使用后挥发量。

3. 绿色施工是保障

建筑装饰装修施工团队应在平时工作中多总结经验，并且在装修时能尽量形成自己的风格，保证好工程质量，将各个细节做到完美。同时为了保证工程正常顺利完成，建筑负责部门在对施工队进行选择时，应严格按照统一标准对其进行考核，严格执行场地内的各项工作要求，对于施工要求不过关的单位坚决不用，避免对工程造成影响。

三、装饰装修绿色施工的实现策略

（一）施工团队严格要求

在施工团队进行施工时，应当严格按照各项工程工艺流程进行，工程监督部门应切实负起责任，认真履行对施工过程中各项工作进行监督检查的职责，对施工方使用的施工方法、施工顺序进行严格监督，尤其是细节方面，这更能反映一个施工团队的整体素质。施工工艺粗糙容易造成材料的浪费现象，而且可能为使用后留下隐患。对于国家要求的标准严格执行，例如私自改装管线的问题，其安全隐患相当大，严重威胁居住人员的安全。有些施工单位为了美观，将水、暖气和煤气管由明设改为暗设，违反国家规定，并且其安全隐患相当大，短期内问题不会太严重，但是长时间过后其管道外皮都会有所影响，影响正常使用，甚至引发重大灾害。

在装饰装修施工中的安全隐患有：私自拆墙打洞，严重破坏楼梯的整体结构，尤其是承重墙，无论对其改动程度是大是小都会对承载力造成极大的影响；平面装修工作，当楼面上部铺设地板，下层装修屋顶时，楼面的上下两部分都受破坏，这使得楼板本身荷载大大增加，而且在装修天花板时，施工方随意打孔，使楼板的强度下降的同时，对隔音防漏的性能也造成很大影响。

（二）加强项目管理工作

绿色施工的顺利进行必须对其实行科学有效的管理工作，努力提高企业管理水平，将传统的被动适应型企业转变为主动改变型企业，使企业能制定制度化、规范化的施工流程，充分遵循可持续发展的战略理念，增加绿色施工的经济效益，进一步加强企业推行绿色施工的积极性。绿色施工项目是以后建筑行业的必然趋势，实行绿色施工管理，不仅可以保证工程的安全、质量以及进度要求，同时也实现了国家的环境目标。各施工企业应转变思想，将绿色施工思维贯穿到每一层企业管理中，将绿色施工管理与技术创新相结合，提高整体企业水平。对施工中的各种材料进行科学管理，防止出现次生问题。

（三）新技术和新工艺的支持

在绿色施工推行过程中，新的技术和方法会随之出现，建筑施工企业应能适应社会的进步，适时地将新技术引进工作中。对技术落后、操作复杂的设计方案进行限制或摒弃，推行技术创新。绿色施工技术可以运用现场检测技术、低噪声施工技术以及现场污染指数检测技术落实绿色施工要求。加强信息化技术的应用，实现数字化管理模式，通过信息技术对各部分进行周密部署，将设计方案进行立体化展示，对其中的不足之处及时修改，减少返工的可能，实现绿色施工。

节能环保是现代社会的主流话题，也是建筑行业应当追求的工程理念，施工技术环节的节能环保推行工作是必然趋势，即绿色施工。通过对前期设计阶段的不断修改、对施工用材的良好把握以及对施工团队的严格监督工作，使得装饰装修工作真正将绿色落到实处。绿色施工不仅指的是房屋内部设计的颜色，更是指的居住环境安全健康的理念。大力发展绿色施工技术，认真落实节能环保的施工思想是以后建筑行业的必然要求，是创造节约型社会和可持续发展社会的必然途径。

第五节　钢结构绿色施工

一、钢结构施工概述

（一）钢结构材料

钢结构工程中，常用钢材有普通碳素钢、优质碳素钢、普通低合金钢三种。钢材的品种、规格、性能等应符合现行国家产品标准和设计要求。进口钢材产品的质量应符合设计和合同规定标准的要求。钢材进场正式入库前必须严格执行检验制度，经检验合格的钢材方可办理入库手续。钢材的堆放要便于搬运，要尽量减少钢材的变形和锈蚀，钢材端部应树立标牌，标牌应标明钢材规格、钢号、数量和材质验收证明书。

（二）钢结构构件的制作加工

1. 准备工作

钢结构构件加工前，应先进行详图设计、审查图纸、提料、备料、工艺试验和工艺规程的编制、技术交底等工作。

2. 钢结构构件生产的工艺流程和加工

（1）放样：包括核对图纸的安装尺寸和孔距，以1:1大样放出节点，核对各部分的尺寸，制作样板和样标作为下料、弯制、铣、刨、制孔等加工的依据。

（2）号料：包括检查核对材料，在材料上画出切割、铣、刨、制孔等加工位置，打冲孔，标出零件编号等。号料应注意以下问题：①根据配料表和样板进行套裁，尽可能节约材料。②应有利于切割和保证零件质量。③当工艺有规定时，应按规定取料。

（3）切割下料：包括氧割（气割）、等离子切割等高温热源的方法和使用机切、冲模落料和锯切等机械力的方法。

（4）平直矫正：包括型钢矫正机的机械矫正和火焰矫正等。

（5）边缘及端部加工：方法有铲边、刨边、铣边、碳弧气刨、半自动和自动气割机、坡口机加工等。

（6）滚圆：可选用对称三轴滚圆机、不对称三轴滚圆机和四轴滚圆机等机械进行加工。

（7）腰弯：根据不同规格材料可选用型钢滚圆机、弯管机、折弯压力机等机械进行加工。当采用热加工成型时，一定要控制好温度，满足规定要求。

（8）制孔：包括铆钉孔、普通螺栓连接孔、高强螺栓连接孔、地脚螺栓孔等。制孔通常采用钻孔的方法，有时在较薄的不重要的节点板、垫板、加强板等制孔时也可采用冲孔。钻孔通常在钻床上进行，不便用钻床时，可用电钻、风钻和磁座钻加工。

（9）钢结构组装：方法包括地样法、仿形复制装配法、立装法、胎模装配法等。

（10）焊接：是钢结构加工制作中的关键步骤，要选择合理的焊接工艺和方法，严格按要求操作。

（11）摩擦面的处理：可选用喷丸、喷砂、酸洗、打磨等方法，严格按设计要求和有关规定进行施工。

（12）涂装：严格按设计要求和有关规定进行施工。

二、绿色钢结构施工

钢结构作为现代的"绿色建筑"，因其具有自重轻、施工周期短、投资回收快、安装容易、抗震性能好、环境污染少等特点而被广泛应用于住宅、厂房办公、商业、体育和展览等建筑中，且发展迅速。而如何将钢结构在保证质量达标、满足使用性能的情况下进行绿色施工，实现环保，则是建筑业界各人士应深刻思考的问题。

钢结构因其自重较轻，强度较高，抗震性较强，隔音、保温、舒适性较好等特点而在建筑工程中得到了合理、迅速的应用，其应用标志着建筑工业的发展。伴随着我国社会经济的发展及科学技术的日趋完善，钢结构的生产也实现了质的飞跃。钢结构具备绿色建筑的条件，是有利于保护环境、节约能源的建筑，它顺应时代的发展和市场的需要，已成为中国建筑的主流，同时也为住宅产业化尽早全面实现奠定了坚实基础。

（一）钢结构的优点及其应用的必然性

钢结构建筑是以钢材作为建筑的主体结构，通常由型钢和钢板等钢材制成各种建筑构件，表现形式为钢梁、钢柱、钢桁架等，并采用焊缝、螺栓或铆钉的连接方式，将各部件拼装成完整的结构体系，再配以轻质墙板或节能砖等新型材料作为外围墙体建造而成。

当前，国家大力提倡构建和谐社会，发展节能省地型住宅，推广住宅产业化，特别是在一些大中型城市，更需要解决寸土寸金的实际情况及满足人们对生活空间、生存环境等提出的更高要求，人们在追求舒适性的同时越来越注重建筑的美观性及布局的独特性；另外，低碳经济已成为全球经济发展的新潮流，此趋势在我国也同样受到高度重视。综上所述，在这样的大背景下，在此形势的驱动下，钢结构因其自身独特的优点应运而生，并得到广泛使用，同时，利用钢结构，通过灵活设计来实现异形建筑则成为建筑中最好的选择。钢结构建筑承载力高、密闭性好，而且比传统结构用料省，易拆除，且回收率高，另外，建筑的外围墙体也多采用如节能砖、防火涂料等环保材料，这大大降低了钢铁污染所带来的高风险，符合国家绿色环保、节能减排的政策；同时，多用于超高层及超大跨度建筑中的钢结构，符合可持续发展的理念，能够缓解人多地少的矛盾，拓展了人们的生存空间，提高了人们的生活质量。

建筑施工活动在一定程度上破坏了环境之间的和谐和平衡。近年来，环保一直作为热门话题贯穿于各个行业。在低碳建筑时代，在绿色意识不断强化的今天，建筑形成的每个流程包括建筑材料、建筑施工、建筑使用等过程，都应减少化石能源使用，提高能效，不断降低二氧化碳排放量，这已逐渐成为建筑业的主流趋势。作为绿色建筑的钢结构，其施工过程更应符合绿色环保。

相对于传统的施工活动，绿色施工是绿色建筑全寿命周期的一个组成部分，是随着绿色建筑概念的普及而提出的。绿色施工是指在建设中，以保证质量、安全等为前提，利用科学的管理方法和先进的技术，最大限度地节约资源，减少施工活动对环境的负面影响，满足节地、节能、节水、节材和环境保护以及舒适的要求。绿色施工同绿色建筑一样，是建立在可持续发展理念上，是可持续发展思想在施工中的体现。

（二）钢结构建筑的绿色施工

实施绿色施工，应在设计方案的基础上，充分考虑绿色施工的要求，结合施工环境和条件，进行优化。绿色施工包括以下几个环节：施工策划、材料采购、现场施工、工程验收等，各个阶段都要加强管理和监督，保障施工活动顺利进行。

1. 资质审核

审查施工单位现场拼装、吊装和安装的施工组织设计，重点审查施工吊装机具起吊能力施工技术措施、垂直度控制方法和屋架外形控制措施，特殊的吊装方法应有详细的工艺方案。审查施工单位的焊接工艺评定报告、焊工合格证、工作人员资格证书，其中焊接工艺评定报告中的焊接接头形式、焊接方法及材质的覆盖性、焊工合格证的焊接方法、位置、有效期等方面的内容，都要符合施工规范要求，严禁无证上岗。特别应注意焊接工必须有全位置焊接的证书，而不是一般水平位置焊工证书。

2. 建筑设计

在钢结构设计的整个过程中都应该强调"概念设计"，它在结构选型和布置阶段尤其重要。在钢结构设计中应依据从整体结构体系与分体系之间的力学关系、震害、破坏机理、试验现象和工程经验中所获得设计思想，对一些难以做出精确理性分析或规范未规定的问题，要从全局的角度来确定控制结构的布置及细部措施。另外，设计中应尽量使结构布置符合规则性要求，并做除弹性设计外的弹塑性层间位移验算。设计时可依据前期的计算机设计程序，将其各部分构件按生产标准进行后期制作拼装，将设计与生产完美结合，在丰富建筑风格的同时也提高了施工效率。

3. 成本预算

首先，要降低材料损耗。要保证各种材料的有效利用，杜绝原材料不合理使用而造成浪费现象。其次，要加强定额管理。施工前由项目预算员测算出各工种、各部位的预算定额，然后由专业施工员根据预算定额，分任务给各施工班组，使每个工作人员明白施工目标，把经济效益与职工的劳动紧密地结合起来，充分调动职工的劳动积极性。

4. 施工方法

在钢结构安装与防护工作中，应建立科学有效的保障体系和操作规范。施工中，必须保证钢构件全部安装，使之具有空间刚度和可靠的稳定性。在安装之前，准备工作要做充分，包括清理场地，修筑道路，运输构件，构件的就位、堆放、拼装、加固、检查清理、弹线编号以及吊装机具的准备等。另外，钢结构的测量，这是钢结构工程中的关键程序，关系到整个工程的质量。测量的主要内容是：土建工序交接的基础点的复测和钢柱安装后的垂直度控制；沉降观测。

5. 安全管理

贯彻国家劳动保护政策，严格执行施工企业有关安全、文明施工管理制度和规定。明确安全施工责任，贯彻"谁施工，谁负责安全"的制度，责任到人，层层负责，切实地将安全施工落到实处。加强安全施工宣传，在施工现场显著位置悬挂标语、警告牌，提醒施工人员；施工人员进入施工现场须佩戴安全帽；施工机具、机械每天使用前要例行检查，特别是钢丝绳、安全带每周还应进行一次性能检查，确保完好。

6. 设备选用

施工单位应尽量选用高性能、低噪声、少污染的设备，施工区域与非施工区域间设置标准的分隔设施，施工现场使用的热水锅炉等必须使用清洁燃料，市区（距居民区 1000 米范围内）禁用柴油冲击桩机、振动桩机、旋转桩机和柴油发电机，严禁敲打导管和钻杆，控制高噪声污染，综合利用建筑废料，照明灯须采用俯视角，避免光污染，等等。

7. 环境保护

为了达到绿色施工的目的，首先，现场搭建活动房屋之前应按规划部门的要求取得相关手续，保证搭建设施的材料符合规范，工程结束后，选择有合法资质的拆除公司将临时设施拆除；其次，建设单位或者施工单位应当采取相应方法，隔断地下水进入施工区域，限制施工降水；最后，还要控制好施工扬尘，保持建筑环境的和谐。除了这些，施工单位还要做好渣土绿色运输，降低声、光污染等，保证建筑活动符合绿色要求。

绿色施工作为在建筑业落实可持续发展战略的重要手段和关键环节，已为越来越多的业内人士所了解、关注和重视。作为建筑施工单位，需要打破传统的建筑观念，不断学习、不断探索、不断创新，充分发挥绿色建筑—钢结构的建筑优势，做好钢结构的绿色施工，努力推动我国建筑业的健康、持续发展。

第三章 通风与空调节能工程施工

第一节　通风与空调节能工程概述

一、通风与空调系统的作用和组成

通风是使工作人员具有良好的工作和劳动条件，使生产能正常运行和保证产品质量，延长机械设备和使用年限，提高劳动生产率，加速经济增长速度，这就是通风的意义及其重要性。通风主要是利用自然通风或机械通风的方法，为某空间提供新鲜空气，稀释有害气体的浓度，并不断排出有害物质及气体。

空气调节简称空调，主要是通过空气处理，向房间送入干净的空气，并通过对空气的过滤净化、加热、冷却、加湿、去湿等工艺过程满足人及生产的要求。空气调节要求对温度及湿度能实行控制，并提供足够的净化新鲜空气量。空气调节过程是在建筑物封闭状态下来完成的，采用人工的方法，创造和保持一定要求的空气环境。

通风与空调系统由通风系统和空调系统组成。通风与空调工程主要包括送排风系统、防排烟系统、防尘系统、空调系统、净化空气系统、制冷设备系统、空调水系统七个子分部工程。通风系统由送排风机、风道、风道部件、消声器等组成。空调系统由空调冷热源、空气处理机、空气输送管道输送与分配，以及空调对室内温度、湿度、气流速度及清洁度的自动控制和调试等组成。

通风系统主要功能是送排风，例如防排烟系统、正压送风系统、人防通风系统、厨房排油烟、卫生间排风等，通过风管和部件连接，采取防振消声等措施达到除尘、排毒、降温的目的。空调系统主要功能是通过空气处理，实现送排风、制冷、加热、加湿、除湿、空气净化等项目，提高空气品质，满足室内对温度、湿度、气流速度及清洁度的要求。

二、通风与空调系统节能工程

通风与空调系统节能工程可以分为系统制式、通风与空调设备、阀门与仪表、绝热材料与系统调试等几个验收内容。其中通风系统是指包括风机、消声器、风口、风管、风阀等部件在内的整个送风和排风系统；空调系统包括空调风系统和空调水系统。空调风系统是指包括空调末端设备、消声器、风管、风阀、风口等部件在内的整个空调送风和回风系统；空调水系统是指除了空调冷热源和其他辅助设备与管道及室外管网以外的空调水系统。

为保证通风与空调节能工程中送、排风系统及空调风系统、空调水系统具有节能效果，首先要求工程设计人员将其设计成为具有节能功能的系统形式，并在各系统中要选用节能的设备和设置一些必要的自控阀门与仪表；其次在设备、自控阀门与仪表进场时，对其热工等技术性能参数进行核查。众多已建工程表明，有的空调工程由于所选用空调末端设备的冷量、热量、风量、风压及功率高于或低于设计要求，从而造成了空调系统能耗或空调效果较差的不良后果。风机是空调与通风系统运行的动力，如果选择不当，很可能加大其动力和单位风量的耗功量，造成能源的浪费。

在空调系统中设置自控阀门与仪表是实现系统节能运行的必要条件。工程实践表明，有些工程为了降低工程造价，不考虑日后的节能运行和减少运行费用等问题，未经设计人员同意就擅自去掉一些自控阀门与仪表，或将自动阀门更换为不具备主动节能的手动阀门等，最终导致空调系统无法进行节能运行，消耗及运行费用大大增加；另外，风管系统制作和安装的严密性，风管和管道、设备绝热保温措施，防冷（热）桥措施等的有效性，都会对空调系统的节能造成明显的影响。

需要特别强调的是，通风与空调系统节能工程完成后，为了达到系统正常运行和节能的预期目标，规定必须进行通风与空调设备的单机试运转调试和系统联动调试，其调试结果是否符合设计的预定参数要求，将直接关系到系统日后正常运行的节能效果。

因此，在通风与空调工程的实施中，施工和监理人员应紧紧围绕上述几个方面的特点，运用质量保证资料审查、材料见证取样复验、施工过程抽查实测、调试过程旁站监督、隐蔽工程验收签证等手段，对系统节能施工质量进行严格监督，以取得良好的节能控制效果。

三、通风与空调节能技术

随着资源的越来越紧缺，环境破坏越来越严重，采用节能型空调系统已经成为一种必然趋势，节能空调能有效降低能耗，创造良好的节能效益。要实现经济社会又好又快发展，我们必须坚持清洁发展、节约发展、安全发展的理念，实施节能减排。但在目前，中国通风与空调设计行业将更多的经济利益摆在首位，忽视了对环境的影响，不考虑环保和节能。可持续发展的理念要求我们，对节能减排一定要引起足够重视，这是我们应该承担的责任，也是一个迫切需要解决的问题。

（一）家用空调的节能技术

1. 空调的性能指标

能效比是在某种特定工况下测得的空调性能指标，单独用它还不能全面反映空调的能效特征。空调在使用过程中，空气环境是不断变化的，空调的运行启停状况、工作环境温度、房间的夏季需冷量和冬季需热量处在不停的变化中，其能效比也在不停地变化。为科学地评价空调的综合能效特征，对空调供冷提出了季节能效比（SEER），对空调供热提出了供暖季节性能系数（HSPE）的评价指标，如果能效比高，则该空调具有节能、省电的性能。

2. 压缩机节能技术

制冷压缩机通常称为制冷机中的主机，是制冷装置中最重要的设备。制冷压缩机的性能直接影响着制冷装置的能效比。理想的压缩机的工作过程没有余隙和泄漏等容积损失，没有制冷剂流动的压力损失以及各个运动部件摩擦面之间的摩擦功、泄漏蒸汽再压缩等能量损失。实际的压缩机是无法避免这些损失的。这两方面的损失大小是评价压缩机优劣的重要指标。前者用容积效率来衡量，后者用指示效率和机械效率来衡量。

目前市场上的压缩机主要有活塞式、螺杆式和离心式。

（1）活塞式压缩机应用最早，技术日臻完善，相对于螺杆式压缩机来说，具有效率高、能量损失少等优点，在小型系统中是首选的品种。但螺杆式压缩机具有体形较小、易损件少、运转平稳、单机可实现较大压缩比、对湿压缩不敏感的优点，在中型和大型系统中应用较多。

（2）螺杆式压缩机通过滑阀调节制冷量，在部分负荷时效率比较低。因此，在负荷有较大变化和经常在部分负荷下工作的制冷系统，不宜选用螺杆式压缩机。

（3）离心式压缩机主要适用于大容量系统，并且具有较高的效率。

压缩机的容量应当与负荷的实际相匹配，切忌选用过大的压缩机，否则会导致压缩机总在效率低的部分负荷下工作，或者是在比设计蒸发温度低的工况下工作，这两种情况都会引起不必要的能量损耗。

3. 蒸发器和冷凝器节能技术

制冷装置的制冷系统随着蒸发温度的升高和冷凝温度的降低而增高。在制冷系统中，冷凝器是把压缩机排出的高温、高压制冷剂蒸汽冷却并使之液化。只要提高冷凝器的换热性能，就能减小制冷剂蒸汽与环境之间的传热温差，从而也就降低了冷凝的温度。利用水作为介质的冷凝器，常用的有立式壳管和卧式壳管两种形式。它们构造上的共同点是在圆形金属外壳内装有许多根小直径的无缝钢管或铜管（适用于氟利昂），在外壳上有气、液连接管，放气管、安全阀、压力表等接头。冷却水在管内流动，制冷剂蒸汽在管外表面间的空隙流动凝结。蒸发器是一种热交换器，它能使低温制冷剂液体吸收冷媒的热量而产生液化。

4. 制冷系统运行中的节能技术

在实际操作调节过程中，人们认识到不仅应当把制冷系统调整在合理的运行范围，而且可以进一步将制冷系统调整在最佳状态运行，更进一步地提高节能水平。对此，国内外都进行了有益的探索和实践，提出了制冷装置运行调节中的各种节能技术。

（1）调节冷凝压力实现节能。冷凝压力升高导致压缩比增大，压缩机的压缩功增大，容积效率降低。在相同的制冷量下，系统的耗电量增加。反之，冷凝压力降低，系统的耗电量减少，可以实现节能。

冷凝压力过高可能是系统设计安装中存在的弊病，如由于冷凝器的面积选得过小，冷凝器中水路流程数少等造成的。这时应更换设备或增添设备，或重新接管，增加水路流程。

值得注意的是，制冷装置的总能耗包括压缩机的能耗和水泵的能耗。冷凝压力与冷却水的水量直接相关。冷却水量减少，冷凝压力将升高；冷却水量增大，冷凝压力将降低。换言之，冷凝压力降低固然可以使压缩耗功减少，但此时冷凝压力的降低是以冷却水量增加，即水泵耗功增加为代价的。在有些情况下，冷却水量的增加对冷凝压力影响不大。因此，在一定的范围内，可以减少冷却水的水量，使冷凝压力适当升高。由于减少了水泵的能耗，这时制冷系统的总能耗还可降低，从而可获得良好的节能效果。

（2）防止排气温度过高。排气温度过高会使润滑状况恶化，摩擦功会大大增加，制冷剂气体与气缸壁热交换增强，导致压缩机的效率下降。为此，应当及时消除排气温度过高的原因，例如改善压缩机气缸的冷却条件，防止吸气热量太大或吸气压力过低，防止冷凝压力过高等。

（3）采用较高的蒸发温度实现节能。在一定的冷凝温度下，提高蒸发温度将使制冷系统的压缩比和功耗减小，这对节能是十分有利的。蒸发温度过低可能是设计安装中存在的固有弊病，这可能是蒸发器选得过小，压缩机选得过大所造成的。这时应重新进行核算，更换或增加蒸发器，或把多余的制冷量挪作其他用途等办法来解决。蒸发温度过低也可能是运行中出现的问题，如蒸发器未及时进行除霜，膨胀阀开启太小，负荷下降时未及时对压缩机进行量调整等。

由于蒸发温度取决于被冷却对象，调高蒸发温度往往影响到需冷对象的制冷工艺要求。调整蒸发温度必须以不影响被冷却对象的工艺要求为前提；此外，蒸发器进行除霜固然对系统的运行是有利的，但除霜也会带来系统负荷的增加，造成能量的增加，因此也不要频繁进行除霜。

（4）系统的润滑油与节能。活塞式和螺杆式压缩机的制冷系统中，由于制冷剂与油是互相接触的，润滑油不仅对压缩机的工作有影响，而且对系统的其他部件也有影响。不正确使用润滑油就会导致压缩机功耗增加和安全性下降，因此运行中应对润滑油有足够的重视。

（二）中央空调的节能技术

改革开放以来，我国社会经济发展非常迅速，城市现代化大楼拔地而起。这些高楼大厦都在使用中央空调，甚至一些居民在家里安装中央空调，因此中央空调的节能技术成为人们关注的重点问题。国家制订了一系列的能源战略计划，其中中央空调的节能环保技术是影响国家能源战略计划的一项重要问题。

1. 降低系统的设计负荷

中央空调的设计人员在进行空调系统设计时，应当进行仔细的负荷分析计算，力求与实际需求相符，不能仅凭经验对负荷指标进行估算，或者为保证安全而将指标选取过大，造成系统的冷热源、能量输配设备、末端换热设备的容量大大超过实际需求，形成"大马拉小车"的现象，这样既增加了工程投资，也不能实现建筑节能。

2. 冷热源的节能措施

冷热源在中央空调系统中被称为主机，一方面因为冷热源是系统的心脏；另一方面它的能耗也是构成系统总能耗的主要部分。目前在中央空调系统中采用的冷热源形式主要有以下几种：

（1）电动冷水机组供冷、燃油锅炉供热，供应能源为电和轻油。

（2）电动冷水机组供冷、电热锅炉供热，供应能源为电。

（3）风冷热泵冷热水机组供冷和供热，供应能源为电。

（4）蒸汽型溴化锂吸收式冷水机组供冷，热网蒸汽供热，供应能源为热网蒸汽、少量的电。

（5）直燃型溴化锂吸收式冷热水机组供冷供热，供应能源为轻油或燃气、少量的电。

（6）水环热泵系统供冷供热，辅助热源为燃油、燃气锅炉等，供应能源为电、轻油或燃气。其中，电动制冷机组（或热泵机组）根据压缩机的型式不同，又可分为往复式、螺杆式、离心式三种。

3. 减少输送系统的动力能耗

动力能耗主要是指空调系统风机运行和水系统输配用电所消耗的能源，采用科学合理方法使动力能耗降低，对于整个空调系统的节能有较大的影响。在实际工程中采用的具体技术措施有以下几个方面：

（1）提高供水和回水的温差。若系统中输送冷（热）量的载冷（热）介质的供回水温差采取较大值，当它与原温差的比值为 N 时，从流量计算式可知，采用大温度差时的流量为原来流量的 1/N，而管路损耗即水泵或风机的功耗减小为原来的 1/2，节能效果非常显著；故应在满足空调精度、人体舒适度和工艺要求的前提下，尽可能加大温差，但供、回水的水温差一般不宜大于 8℃。

（2）选用较低流速的流体。试验结果证明，水泵和风机的功耗与管路系统中流速的平方成正比，因此采用较低流速的流体能更大限度地满足节能的要求，且有利于提高系统的稳定性。

（3）采用变流量水系统，提高输配系统的效率。在设计空调水系统时，如采用定水温变流量或变水温变流量的调节方式，使供水量随着空调负荷的变化而增减，不但可以减少处理过程的能耗，还能节省输送的能耗。

在大规模的空调水系统中，为了实现节能的目的，已经很少采用定量水系统。关于变流量系统，目前还没有严格的定义对变流量系统的基本特征进行概括；即通过调节二通阀改变流经末端设备的冷冻水流量来适应末端用户负荷的变化，从而维持供回水温差稳定在设计值；采用一定的技术手段，使系统的总循环水量与末端的需求量基本一致；保持通过冷水机组蒸发器的水流量基本不变，从而维持蒸发温度和蒸发压力的稳定。

变流量水系统可分为一级泵变流量系统和二级泵变流量系统。

一级泵变流量系统的基本原理是：二通阀由室温调节装置进行控制。在冷源和用户之间设一根旁通管，装有二通阀和压差调节器，根据供回水总管之间的压差变化调节二通阀的开度。当用户负荷减小、用户侧的流量减少时，供回水之间的压差增大，在压差调节器的作用下二通阀开大，加大旁通管水量；反之则减小旁通管水量。这样在改变用户侧水流量的同时，维持了通过冷水机组蒸发器的水量。

一级泵变流量系统的节能是通过台数调节来实现的，如果只有一台水泵和一台冷水机组，这时为保持蒸发器的流量，循环水泵的流量和扬程都不会随用户侧流量的变化而改变。一般冷源侧设有多台冷水机组，冷冻水泵与冷水机组一一对应，依靠供回水总管之间的压差进行台数控制。在部分负荷下，只运行部分台数的冷水机组和水泵，这样可达到节约电量的目的。

二级泵变流量系统的特点是：除了在末端换热设备处设置二通控制阀外，还要在负荷侧和冷源侧分别布置水泵，并在负荷与冷源侧之间设置连接供回水总管的旁通管。二级泵变流量系统在控制方法上分为多台泵并联运行变台数控制和多个独立环路的二次泵的控制。

多台泵并联运行变台数控制，根据所选水泵特性曲线的不同常采用两种方法，即压差控制和流量控制，其中压差控制用于具有陡降曲线的水泵，而流量控制可用于任何特征曲线的水泵。对于一次泵和冷水机组的台数控制，常用的方法也有两种：一种是流量盈亏控制；另一种是负荷控制。

（4）采用变风量控制。变风量空调（VAV）系统可以通过改变送风量的办法来适应负荷的变化，从而来控制不同房间的温湿度。在确定系统风量时，不可以考虑一定的同时使用情况，所以能节约风机运行能耗和减少风机装机容量，系统的灵活性较好。同时，当各房间的负荷小于设计负荷时，变风量系统可以调节输送的风量，从而减少系统的总输送风量。这样，空调设备的容量也可以减小，既可以节省设备费的投资，也进一步降低了系统的运行能耗，风量的减少又节约了处理空气所需要消耗的能量。

变风量系统存在的缺点是：在系统风量变小时，有可能不能满足室内新风量的需求、影响房间的气流组织；系统的控制要求高，且不易稳定，投资较高；等等。这些都必须依靠设计者在设计时周密考虑，才能达到既满足使用要求又节能的目的。

4. 空调机组及末端设备的节能措施

国产风机盘管从总体水平看与国外同类产品相比差不多，但与先进水平比较，主要差距是耗电量、盘管重量和噪声方面。因此设计中一定注意选用重量轻、单位风机功率供冷（热）量大的机组。空调机组应该选用机组风机风量、风压匹配合理，漏风量少，空气输送系数大的机组。

5. 提高送风的温差

在满足空调精度要求的前提下，我们可以提高送风温差来提高节能效率，利用最少的耗能实现舒适性空调要求的空气环境。为了节能，在夏天取较高的干球温度和相对湿度，冬季取较低的干球温度和相对湿度，就可减少围护结构的传热负荷和新风负荷，从而降低空调系统能耗。

在建筑物的空调负荷中的新风负荷占的比例很大，一般占总负荷的20%～30%，因此在满足卫生条件下，冬、夏季尽量减少新风量，而在过渡季节，尽量较多采用新风甚至采用全新风。

6. 利用冷却塔供冷技术

冷却塔供冷技术是指在室外空气湿球温度较低时，关闭制冷机组，利用流经冷却塔的循环水直接或间接地向空调系统供冷，提供建筑物所需的冷量，从而节约冷水机组的能耗，是近年来国外发展较快的节能技术。如当室外湿球温度降至某个值以下时，冷却塔出水水温与空调末端装置（如风机盘管）所需水温接近，此时可关闭人工冷源，以流经冷却塔的循环冷却水向空调系统供冷，从而达到节能的目的。

7. 蓄冷技术

在实施峰谷电价的地区，可利用低电价时段采用冰蓄冷系统将水制成冰来储存冷量，高电价时段再将冷量释放出来。采用冰蓄冷技术有利于减少国家对电力建设的投资及压力，有利于均衡电力负荷、提高现有发电设备与供电电网的利用率和改善电力建设的投资效益，有利于降低系统的运行费用，还有助于调节送风温差，是一举多得的节能好举措。

8. 采用热回收与热交换装置

新风的引入必然要求排出一部分空气，而大气温度与排气温度有一定的温差，如制冷时，若室内温度为27℃，室外温度为35℃，则将27℃的气体排入大气会带来能量损失，采用热回收交换设备使新风在被处理前与排气进行热交换，新风温度便有所降低，就可减少新风机组的负荷，减少了能耗，这种装置一般用于可集中排风而需新风量较大的场合。

9. 充分利用自然冷源

地下水和室外空气是常用的两种冷源。地下水常年保持在18℃左右的温度，地下水不仅可以在夏季作为冷却水为空调系统提供冷量，冬季还可以利用水源热泵机组为空调提供热量。春秋季和冬季的室外冷空气温度较低，可用于空调系统供冷。

第二节　通风与空调节能工程常用材料、设备及选用

一、通风与空调节能工程常用材料及选用

通风与空调节能工程常用的材料主要包括各种板材、型钢、胶黏剂、垫料及绝热材料等。板材一般可分为金属板和非金属板两大类。

（一）金属板及选用

1. 普通薄钢板

普通薄钢板由碳素软钢经热轧或冷轧制成。热轧钢板表面为蓝色发光的氧化铁薄膜，性质较硬而脆，加工时易断裂；冷轧钢板表面平整光洁，性质较软，最适于通风与空调工程。冷轧钢板钢号一般为 Q195、Q215、Q235。有板材和卷材，常用厚度为 0.5～2mm，板材规格为 750mm×1800mm、900mm×1800mm 及 1000mm×1800mm 等。用于通风与空调节能工程的薄钢板应表面平整、光滑、厚度均匀，允许有紧密的氧化铁薄膜，不得有结疤、裂纹等缺陷。

2. 镀锌薄钢板

镀锌薄钢板是用普通薄钢板表面镀锌制成，俗称"白铁皮"。常用的厚度为 0.5～1.5mm，其规格尺寸与普通薄钢板相同。在工程中常用镀锌钢板卷材，用其制作风管非常方便。表面镀锌层起防腐作用，一般不再刷油防腐。常用于潮湿环境中的通风空调系统的风管和配件。通风空调节能工程要求，镀锌钢板表面镀锌层应均匀和有结晶花纹，无明显氧化层、麻层、粉化、起泡、锈斑、镀锌层脱落等缺陷，钢板镀锌层厚度不小于 0.02mm。

3. 塑料复合钢板

塑料复合钢板是在 Q215、Q235 钢板表面喷涂一层厚度为 0.2～0.4mm 的软质或半硬质聚氯乙烯塑料膜制成。塑料复合钢板有单面覆层和双面覆层两种。其主要技术性能如下：

（1）耐腐蚀性及耐水性能。可以耐酸、碱、油及醇类的侵蚀，耐水性能好，但对有机溶剂的耐腐蚀性差。

（2）塑料复合钢板的绝缘性和耐磨性能比较好。

（3）剥离强度及深冲性能。塑料膜与钢板间的剥离强度>0.2MPa，当冲击试验深度不大于 0.5mm 时，复合层不会发生剥离现象；当冷弯 180°时，复合层不分离开裂。

（4）加工性能。具有一般碳素钢板所具有的切割、弯曲、冲铣、钻孔、铆接、咬口及折边等加工性能，其加工温度以 20℃～40℃为最好。

（5）使用温度。塑料复合钢板可在 10℃～60℃温度下长期使用；短期可耐温 120℃。由于塑料复合钢板具有上述性能，所以它常用于防尘要求较高的空调系统和环境温度在 -10℃～70℃下耐腐蚀通风系统中。通风与空调节能工程要求塑料复合钢板的表面喷涂层应当色泽均匀、厚度一致，且表面无起皮、分层或塑料涂层脱落等缺陷。

4. 铝及铝合金板

铝板具有良好的塑性、导电性和导热性能，并且在许多介质中有较高的稳定性。纯铝的产品有退火和冷却硬化两种。退火铝的塑性较好，强度较低；冷却硬化铝的塑性较差，而强度比较高。

为了改变纯铝的性能，在铝中加入一种或几种其他元素（如铜、镁、锰、锌等）制成铝合金及铝合金板。铝板或铝合金板，具有良好的耐腐蚀性能和在摩擦时不易产生火花，因此常用于化工环境通风工程的防爆系统。

在通风与空调工程中，铝板应采用纯铝板或防锈铝合金板，应具有良好的塑性和导电、导热性能及耐酸腐蚀性能，其表面不得有明显的划痕、刮伤、麻点、斑迹和凹穴等缺陷。

（二）非金属板及选用

1. 硬聚氯乙烯塑料板

硬聚氯乙烯塑料（硬 PVC）由聚氯乙烯树脂加入适量的稳定剂、增塑剂、填料、着色剂及润滑剂等压制或压铸而成。它具有表面平整光滑、耐酸碱腐蚀性强、物理机械性能良好、易于二次加工成型等特点。

硬聚氯乙烯塑料板的厚度一般为 2～40mm，板宽为 700mm，板长为 1600mm，拉伸强度为 50MPa（纵横向），弯曲度为 90 MPa（纵横向）。

由于硬聚氯乙烯塑料板具有一定的强度和弹性，耐腐蚀性良好，又易于加工成型，所以应用十分广泛。在通风工程中采用硬聚氯乙烯塑料板制作风管和配件，绝大部分是用于输送含有腐蚀性气体的系统。但硬聚氯乙烯塑料板的热稳定性较差，具有一定的适用范围，一般用于温度为-10℃～60℃的环境中，如果温度再高，其强度反而会下降；温度过低又会变脆易断。

通风与空调节能工程要求硬聚氯乙烯塑料板表面应平整，无伤痕，不得含有气泡，厚薄均匀，无离层现象。

2. 玻璃钢

（1）有机玻璃钢是以玻璃纤维制品（如玻璃布）为增强材料，以树脂为黏结剂，经过一定的成型工艺制作而成的一种轻质高强度的复合材料。这种材料具有较好的耐腐蚀性、耐火性和成型工艺简单等优点。

由于有机玻璃钢具有质轻、强度高、耐热性及耐腐蚀性优良、电绝缘性好及加工成型方便等特点，在纺织、印染、化工等行业，常用于排出腐蚀性气体的通风系统中。

（2）无机玻璃钢是以玻璃纤维为增强材料，无机材料为黏结剂，经过一定的成型工艺制成的不燃材料。根据无机材料的凝结特征，可以分为水硬性与气硬性两种。水硬性无机玻璃钢具有较强的抗潮湿性能。

3. 复合材料

复合材料是指由两种及两种以上性能不同材料组合成的新材料。用于风管的复合材料大都是由金属或非金属加上绝热材料所组合的。根据《通风与空调工程施工质量验收规范》规定，复合材料中的绝热材料必须为不燃或难燃级，且对人体无危害的材料。

（三）垫料和胶黏剂

1. 垫料

法兰接口之间要加垫料，以便保持接口处的密封性。垫料应具有较好的弹性，不吸水，不透气，其厚度应为 3～5mm，空气洁净系统的法兰垫料厚度不能小于 5mm。

在通风与空调节能工程中常用的垫料有橡胶板（条）、石棉橡胶板、耐酸橡胶板、闭孔海绵橡胶板、软聚氯乙烯板、泡沫氯丁橡胶板和密封橡胶条等。

（1）橡胶板。橡胶板具有较好的弹性，多用于密封性要求较高的除尘系统和空调系统做垫料。

（2）石棉橡胶板。石棉橡胶板用石棉纤维和橡胶材料加工而成，其厚度为 3～5mm，多用于作为输送高温气体风管的垫料。

（3）耐酸橡胶板。耐酸橡胶板有较高硬度和中等硬度，并具有较强的耐酸碱性能，适用于输送含有酸碱蒸汽的风管做垫料。

（4）闭孔海绵橡胶板。闭孔海绵橡胶板是一种新型的垫料，其表面光滑，内部有细孔，弹性良好，最适用于输送易产生凝结水或含有蒸汽的空气风管中做垫料。

（5）软聚氯乙烯板。软聚氯乙烯板具有良好的耐腐蚀性能和弹性，它用在输送含有腐蚀性气体的风管中做垫料。

（6）泡沫氯丁橡胶板。泡沫氯丁橡胶板是目前国内外推广使用的新型垫料。它可以加工成扁条状，宽度为 20～30mm，厚度为 3～5mm，其一面带胶，用时扯去胶面上的纸条，将其粘贴于法兰上即可。使用泡沫氯丁橡胶板，操作方便，密封性好。

（7）密封橡胶条。密封橡胶条广泛用于空气洁净工程中。根据断面形状不同，有圆形海绵橡胶条、海绵门窗压条、海绵嵌条、包布海绵条、9 字胶条、O 形密封条、U 形防霉条等。

2. 胶黏剂

洁净空调工程中常用的胶黏剂有橡胶胶黏剂、环氧树脂胶黏剂、聚乙酸乙烯乳液等。橡胶胶黏剂主要用于洁净室中高效过滤器、管道、附件等的密封。

（四）绝热材料的选用

1. 常用的绝热材料

通风与空调节能工程中常用的绝热材料有：有机玻璃棉、矿渣棉、珍珠岩、蛭石、聚苯乙烯泡沫塑料、聚氨酯泡沫塑料、泡沫石棉等。

2. 绝热材料的选择

通风与空调节能工程中常用的绝热材料宜采用成型制品，应具备热导率低、吸水率低、密度小、强度高，允许使用温度高于设备或管道内热介质的最高运行温度，阻燃性好、无毒等性能。对于内绝热的材料，除了满足以上要求外还应具有灭菌性能，并且价格合理、施工方便。对于需要经常维护、操作的设备和管道附件，应采用便于拆装的成型绝热结构。绝热材料的选择，除满足以上要求外，还应符合以下各项规定：

（1）技术性能要求。绝热材料的选择应当满足设计文件中所提出的技术参数。

（2）消防规范防火性能的要求。根据工程类别选择不燃或难燃材料，当工程选用的绝热材料为难燃材料时，必须对其难燃性能进行检验，合格后方可使用。

（3）为了防止电加热器可能会引起保温材料的燃烧，电加热器前后800mm风管的绝热必须使用不燃材料。

（4）为了杜绝相邻区域发生火灾而风管或管道外的绝热材料成为传递的通道，凡穿越防火隔墙两侧2m范围内风管、水管的绝热材料必须使用不燃材料。

（5）绝热材料选择除了要符合上述设计参数和消防规范中的防火性能要求外，还要注意影响绝热材料质量的因素。

（五）其他附属材料选用

（1）选择的玻璃丝布不要太稀松，经向密度和纬向密度（纱根数/cm）要满足设计要求。

（2）保温钉、胶黏剂等附属材料均应符合防火和环保的要求，并要与绝热材料相匹配，不可产生熔蚀。

（3）施工中所用的胶黏剂、防火涂料等材料，必须保证是在保质期内的合格产品。

二、通风与空调节能工程常用设备及选用

（一）空调机组的选用

在选用空调机组时，应注意机组的风量、风压相匹配，选择最佳状态点运行，不宜过分加大风机的风压，因为风压提高，风机的能耗显著增加。应选用漏风量及外形尺寸小的机组。国家标准规定在700Pa压强时的漏风量不应大于3%。目前，很多生产厂家的产品漏风量均在5%以上，有的甚至高达10%。实测结果表明：漏风量5%，风机的功率增加16%；漏风量10%，风机的功率增加33%；漏风量达到15%，风机的功率增加50%。空气输送系数ATF为单位风机消耗功率所输送的显热量（kW/kW），在选择机组时应校核和比较ATF的大小，选择ATF较大的空调机组。

（二）通风与空调设备

1. 设备与附件的质量

（1）设备应有装箱清单、设备说明书、产品合格证和产品性能检测报告等随机文件。进口设备还应具有商检部门检验合格的证明文件。

（2）安装过程中所使用的各类型材、垫料、五金用品等，均应有出厂合格证或有关证明文件。外观检查无严重损伤及锈蚀等缺陷。法兰连接使用的垫料应按照设计要求进行选用，并满足防火、防潮、耐腐蚀性能的要求。

（3）设备的地脚螺栓的规格、长度和数量，以及平、斜垫铁的厚度、材质和加工精度应满足设备安装要求。

（4）设备安装所采用的减振器或减振垫的规格、材质和单位面积的承载率应符合设计和设备安装要求。

（5）通风机的型号、规格和数量应符合设计规定和要求，其出口方向应正确。

2. 设备进场验收

（1）应当按照装箱清单认真核对设备的型号、规格及附件的数量。

（2）设备的外形应规则、平直，圆弧形表面应平整无明显偏差，结构应完整，焊缝应饱满，无缺损和孔洞。

（3）金属设备的构件表面应进行除锈和防腐处理，外表面的颜色应一致，且无明显的划伤、锈斑、伤痕、气泡和剥落现象。

（4）非金属设备的构件材质应符合使用场所的环境要求，表面保护涂层应完整。

（5）通风机运抵现场后应进行开箱检查，必须有装箱清单、设备说明书、产品合格证和产品性能检测报告等随机文件，进口设备还应具有商检部门检验合格的证明文件。

（6）设备的进出口应封闭良好，随机的零部门应齐全无缺损。

（三）空调制冷系统设备

1. 设备与附件的质量

（1）制冷设备、制冷附属设备的型号、规格和技术参数必须符合设计要求，并具有产品合格证书、产品性能检验报告。

（2）所采用的管道和焊接材料应当符合设计要求，并具有出厂合格证明或质量鉴定文件。

（3）制冷系统的各类阀门必须采用专用产品，并具有出厂合格证。

（4）无缝钢管内外表面应无明显锈蚀、裂纹、重皮及凹凸不平等缺陷。

（5）铜管内外壁均应光洁，无疵孔、裂缝、结疤、层裂或气泡等质量缺陷。管材不应有分层，管子端部应平整无毛刺。铜管在加工、运输、储存过程中应无划伤、压入物、碰伤等缺陷。

（6）管道法兰密封面应光洁，不得有毛刺及径向沟槽，带有凹凸面的法兰应能自然嵌合，凸面的高度不得小于凹槽的深度。

（7）螺栓及螺母的螺纹应完整，无伤痕、毛刺、残断丝等缺陷。螺栓与螺母应配合良好，无松动或卡涩现象。

（8）非金属垫片，如石棉橡胶板、橡胶板等应质地柔韧，无老化变质或分层现象，表面不应有折损、皱纹等缺陷。

2. 设备进场验收

（1）根据设备装箱清单说明书、合格证、检验记录和必要的装配图及其他技术文件，核对设备的型号、规格以及全部零件、部件、附属材料和专用工具。

（2）检查设备主体和零部件等表面有无缺损和锈蚀等情况，以便及早发现采取相应措施。

（3）设备中充填的保护气体应无泄漏，油封应当完好。开箱检查后，设备应采取必要的保护措施，不宜过早或任意拆除，以免设备受到损伤。

第三节　空调风系统节能工程施工技术

风管就是用于空气输送和分布的管道系统，是通风系统中不可缺少的组成部分。风管可按截面形状和材质等分类。按连接方式不同，风管可分为无法兰风管和法兰风管两种；按截面形状不同，风管可分为圆形风管、矩形风管、扁圆风管等多种，其中圆形风管阻力最小、制作复杂，所以应用以矩形风管为主；按材质不同，风管可分为金属风管、玻璃风管、复合风管等，建筑工程中最常用的是金属风管。

一、风管制作的准备工作

1. 材料及制作机具

（1）制作风管所用的板材、型材的主要材料，应具有出厂合格证书或质量鉴定文件，其技术指标应符合国家或行业现行标准的规定。

（2）镀锌薄钢板不得有裂纹、结疤及水印等缺陷，应有镀锌层结晶花纹。

（3）铝板材应具有良好的塑性、导电、导热性能及耐酸腐蚀性能，表面不得有划痕及磨损。

（4）制作风管和配件所用的机具有：龙门剪板机、电冲剪、手用电动剪倒角机、咬口机、压筋机、折方机、合缝机、振动式曲线剪板机、卷圆机、圆弯头咬口机、型钢切割机、角（扁）钢卷圆机、液压钳、钉钳、电动拉铆枪、台钻、手电钻、冲孔机、插条法兰机、螺旋卷管机，电、气焊设备，空气压缩机油漆喷枪等设备及不锈钢板尺、钢直尺、角尺、量角器、划规、划针、洋冲、铁锤、木锤、拍板等小型工具。

（5）排烟系统风管的钢板厚度可参照高压系统。

2. 风管制作的作业条件

（1）集中加工风管和配件应具有宽敞、明亮、洁净、地面平整、不潮湿的厂房。

（2）现场分散加工风管和配件应具有能防雨雪、大风及结构牢固的设施。

（3）作业地点要有相应加工工艺的基本机具、设施及电源和可靠的安全防护装置，并配有消防器材。

（4）风管制作应有批准的图纸，经审查的大样图、系统图，并有施工员书面的技术质量及安全交底。

二、风管及配件的制作工艺

1. 将板材展开划线的基本线有直角线、垂直平分线、平行线、角平分线、直线等分、圆等分等。展开方法宜采用平行线法、放射线法和三角线法。根据图及大样风管不同的几何形状和规格分别进行划线展开。

2. 板材剪切必须进行下料的复核，以免有误，按划线形状用机械剪刀和手工剪刀进行剪切。

3. 剪切时，手严禁伸入机械压板空隙中。上刀架不准放置工具等物品，调整板料时，脚不能放在踏板上。使用固定式震动剪两手要扶稳钢板，手离刀口不得小于5cm，用力均匀适当。

4. 板材下料后在轧口之前，必须用倒角机或剪刀进行倒角工作。

5. 金属薄板制作的风管采用咬口连接、铆钉连接、焊接等不同方法。不同板材咬接或焊接界线必须符合有关规定。

6. 焊接时可采用气焊、电焊或接触焊，焊缝形式应根据风管的构造和焊接方法而定。采用斜钉连接时，必须使铆钉中心线垂直于板面，铆钉头应把板材压紧，使板缝密合并且铆钉排列整齐、均匀。

7. 咬口连接根据使用范围选择咬口形式。单咬口主要用于板材的拼接和圆形风管闭合咬口；立咬口主要用于圆形弯管或直接的管节咬口；联合角咬口主要用于矩形风管、弯管、三通管及四通管的咬接；转角咬口主要用于矩形风管，有时也用于弯管、三通管或四通管。

8. 咬口后的板料将画好的折方线放在折方机上，置于下模的中心线。操作时使机械上刀片中心线与下模中心线重合，折成所需要的角度。

9. 折方时应互相配合并与折方机保持一定距离，以免被翻转的钢板或配重碰伤。

10. 制作圆风管时，将咬口两端拍成圆弧状放在卷圆机上卷圆，按风管圆径规格适当调整上、下辊间距，操作时，手不得直接推送钢板。

11. 折方或卷圆后的钢板用合口机或手工进行合缝。进行操作时，用力要均匀。单、双口要确实咬合牢固，无胀裂和半咬口现象。

三、风管系统的安装工艺

（一）风管安装一般要求

1. 在风管内不得敷设电线、电缆以及输送有毒、易燃、易爆的气体或液体的管道。

2. 风管与配件可拆卸的接口，不得设置在墙和楼板内。

3. 风管采用水平安装时，水平度允许偏差应不大于 3mm/m，总偏差不大于20mm/m。通风管采用垂直安装时，垂直度的允许偏差不大于 2mm/m，总偏差不大于 20mm/m。

4. 输送产生凝结水或含有蒸汽的潮湿空气的通风管，应按设计要求的坡度安装。通风底部不宜设置纵向接触，如有接缝应进行密封处理。

5. 安装输送含有易燃、易爆介质气体的系统和安装在易燃、易爆介质环境内的通风系统，都必须有良好的接地装置，并应尽量减少接口。输送易燃、易爆介质气体的风管，通过生活间或其他辅助生产房间必须严密，并且不得设置接口。

6. 防雨罩应设置在建筑结构预制的井圈外侧，使雨水不能沿壁面渗漏到屋内；穿出屋面超过 1.5m 的立管宜设拉索进行固定。拉索不得固定在风管的法兰上，严禁拉在避雷针上。

7. 钢制套管的内径尺寸，应以能穿过风管的法兰及保温层为准，其壁厚应不小于2mm。套管应牢固地预埋在墙体和楼板（或地板）内。

（二）风管的吊装与就位

1. 风管在安装前，应先对安装好的支架、吊架或托架进一步检查其位置是否正确，是否牢固可靠。根据施工方案中确定的吊装方法（整体吊装或单节吊装），按照先干管后支管的安装程序进行吊装。

2. 在吊装之前，应根据现场的具体情况，在梁、柱的节点上挂好滑车，穿上起重绳索，牢固地捆绑好风管，然后就可以开始吊装。

3. 用绳索将风管捆绑结实。塑料风管、玻璃钢风管或复合材料风管等，如果需要整体吊装时，为防止损伤风管和便于吊装，绳索不得直接捆绑在风管上，应当用长木板托住风管底部，四周用软性材料作为垫层，待捆绑牢靠后方可起吊。

4. 在开始起吊时，先缓慢地拉紧绳索，当风管离地200~300mm 时应停止起吊，检查滑车受力点和所绑扎的绳索、绳扣是否牢固，风管的重心是否正确。当检查没问题后，再继续起吊到安装高度，把风管放置在支、吊架上，将风管加以稳固后，方可解开绳扣。

5. 水平安装的风管，可以用吊架的调节螺栓或在支架上用调整垫块的方法来调整它的水平。风管安装就位后，即可以用拉线、水平尺和吊线等方法来检查风管安装是否达到横平竖直。

6. 对于不便悬挂滑车或固定位置有所限制，不能进行整体或组合进行吊装时，可将风管分节用绳索拉到脚手架上，然后再抬到支架上对正法兰逐节进行安装。

7. 风管地沟敷设时，在地沟内应进行分段连接。当地沟内不便操作时，可在沟边连接，然后用绳索绑好风管，用人力缓慢将风管放到支架上。风管甩出地面或在穿楼层时甩头的长度不应小于200mm。敞口处应进行封堵。风管穿过基础时，应在浇灌基础前下好预埋套管，套管应牢固地固定在钢筋骨架上。

8. 输送易燃、易爆气体或有这种环境下的风管应设置接地，并且尽量减少接口，当通过生活间或辅助间时，不得设有接口。不锈钢与碳素钢支架间垫以非金属垫片；铝板风管支架、抱箍应镀锌处理；硬聚氯乙烯风管穿墙或楼板应设套管，当长度大于20m时应设伸缩节；玻璃钢类风管不得有破裂、脱落及分层，安装后不得扭曲；空气净化空调系统风管安装应严格按程序进行，不得颠倒。

9. 风管、静压箱及其部件，在安装前内壁必须擦拭干净，做到无油污和浮尘，并要注意封堵临时端口；当安装在或穿过围护结构时，接缝处应密封，保持清洁和严密。

（三）柔性短管的安装

柔性短管用来将风管与通风机、空调机、静压箱等相连的部件，防止设备产生的噪声通过风管传入房间，同时还起到伸缩和减振的作用。在柔性短管安装中，应注意以下方面：

1. 安装的柔性短管应松紧适当，不得有扭曲现象。柔性短管的长度一般在15～150mm范围内。

2. 制作柔性短管所用的材料，一般采用帆布或人造革。如果需要防潮时，帆布短管表面应当涂刷帆布漆，但不得涂刷涂料，以防止帆布失去弹性和伸缩性，起不到减振的作用。输送腐蚀性气体的柔性短管，应选用耐酸橡胶板或厚度为0.8～1 mm的软聚氯乙烯塑料板制作。

3. 洁净风管的柔性短管连接。对洁净空调系统的柔性短管的连接要求做到两点：一是严密不漏；二是防止积尘。所以在安装柔性短管时一般常用人造革、涂胶帆布、软橡胶板等。柔性短管在接缝时注意严密，以免漏风，另外还要注意光面朝里，安装时不得有扭曲，以防止积尘。

（四）铝板风管的安装

1. 铝板风管法兰的连接应采用镀锌螺栓，并在法兰两侧垫以镀锌垫圈，以防止铝法兰被螺栓刺伤。

2. 铝板风管的支架、抱箍应镀锌或按设计要求进行防腐处理。

3. 铝板风管采用角型法兰，应翻边连接，并用铝铆钉固定。采用的角钢法兰，其用料规格应符合相关规定，并应根据设计要求进行防腐处理。

（五）非金属风管安装

非金属风管安装与金属风管基本相同。但是塑料风管的机械性能和使用条件与金属风管有所不同，因此在其安装中还应注意以下几点：

1. 由于塑料风管一般较重，加上塑料风管受温度和老化的影响，所以支架间距一般为 2～3m，并且多数以吊架为主。

2. 支架、吊架、托架与风管的接触面应较大，这是因为硬聚氯乙烯管质脆且易变形。在接触面处应垫入厚度为 3～5mm 的塑料垫片，并使其粘贴在固定的支架上。

3. 硬聚氯乙烯的线膨胀系数较大，因此支架抱箍不能将风管固定过紧，应当留有一定的间隙，以便于风管的伸缩。

4. 硬聚氯乙烯塑料风管与热力管道或发热设备应有一定的距离，以防止风管受热而发生过大的变形。

5. 硬聚氯乙烯塑料风管上所用的金属附件，如支架、螺栓和套管等，应根据防腐要求涂刷适宜的防腐材料。

6. 风管的法兰垫料应采用 3～6mm 厚的耐酸橡胶板或软聚氯乙烯塑板。螺栓可用镀锌螺栓或增强尼龙螺栓。在螺栓与法兰接触处应加垫圈增加其接触面，并防止螺孔因螺栓的拉力而受损。

7. 排出会产生凝结水的气时体的水平塑料风管，应设有 1%～1.5% 的坡度，以便顺利排出产生的凝结水。

8. 塑料风管穿墙或穿楼板时，应设金属套管保护。钢套管的壁厚不应小于 2mm，如果套管截面大，其用料厚度也应相应增大。预埋时，钢套管外表面不应刷漆，但应除净油污和锈蚀。套管外配有肋板以便牢固地固定在墙体和楼板上。

9. 在硬聚氯乙烯风管与法兰连接处，应当加焊三角支撑。

10. 室外风管受自然环境影响严重，其壁厚宜适当增加，外表面涂刷两道铝粉漆或白油漆，减缓太阳辐射对塑料的影响。

第四节　空调水系统节能工程施工技术

空调水系统是空调设备系统中的重要组成部分，其作用是将冷量由空调主机（冷源）

输送到室内空调末端（空气处理设备），再将空调末端吸收的热量由空调末端送到空调主机。它包括将冷冻水从空调机送到空调末端设备的冷冻水系统和空调主机的冷却水系统（仅对水冷冷水机组而言）。另外，还有将空气处理设备在制冷运行中孕育产生的冷凝水集中有组织排放的冷凝水系统。

空调水系统施工操作要点：

一、空调工程水系统的设备与附属设备、管道、管配件及阀门的规格、型号、材质、数量及连接形式应符合设计要求。

二、空调工程水系统的设备水泵、冷却塔、冷水机组的安装基本流程如下：开箱检查→基础验收→整体式设备清洗、装配、安装，现场拼装冷却塔组装→配管→配电安装→空负荷试运转→工程验收。

三、空调工程水管道的安装要求如下：

1. 管道隐蔽前必须经监理工程师验收并认可签证。

2. 在进行管道和管件安装前，应将其内、外壁的污物和锈蚀清除干净。当管道安装间断时，应及时封闭敞开的管口。

3. 对于管道弯制弯管的弯曲半径，采取热弯不应小于管道外径的 3.5 倍，冷弯不应小于管道外径的 4 倍。焊接弯管不应小于管道外径的 1.5 倍，冲压弯管不应小于管道外径的 1 倍。弯管的最大外径与最小外径的差不应大于管道外径的 8%，管壁减薄率不应大于15%。焊接钢管、镀锌钢管不得采用热煨弯。

4. 冷凝水排水管的坡度，应符合设计文件的要求。当设计无要求时，其坡度一般不宜小于 8‰；软管连接的长度，不宜大于 150mm。

5. 管道与设备的连接，应在设备全部安装完毕后进行，与水泵、制冷机组的接管必须为柔性接口。柔性短管不得强行对口连接，与其连接的管道应设置独立支架。

6. 冷热水及冷却水系统应在系统冲洗、排污合格，再循环运行 2h 以上，且水质正常后才能与制冷机组、空调设备相贯通。冲洗是否合格可用目测的方法，以排出口的水色和透明度与入水口相比一样即可。

7. 空调水系统的冷热水管道与支、吊架之间应设置绝热衬垫，一般可采用承压强度能满足管道重量的不燃、难燃硬质绝热材料衬垫或经防腐处理的木衬垫，其厚度不应小于绝热层厚度，宽度应大于支、吊架支承面的宽度。衬垫的表面应平整，衬垫与绝热材料之间应填实无空隙。固定在建筑结构上的管道支、吊架，不得影响结构的安全。

8. 管道穿越墙体或楼板处应设置钢制套管，管道接口不得置于套管内，钢制套管应与墙体饰面或楼板底部平齐，上部应高出楼层地面 20～50mm，并不得将套管作为管道的支撑。保温管道与套管四周间隙应选用不燃绝热材料填塞紧密。

四、当空调水系统的管道采用建筑用硬聚氯乙烯（PVC-U）、聚丙烯（PPR）、聚丁烯（PB）和交联聚乙烯（PEX）等有机材料管道时，其连接方法应符合设计和产品的技术要求。

五、金属管道的焊接应符合下列要求：管道焊接材料的品种、规格、性能应符合设计要求；管道对接焊口的组对和坡口形式等应符合规定；对口的平直度为1/100，全长不大于10mm；管道的固定焊口应远离设备，且不宜与设备接口中心线相重合；管道对接焊缝与支、吊架的距离应大于50mm；管道的焊缝表面应清理干净，并进行外观质量检查；焊缝质量不得低于现行国家标准《现场设备、工业管道焊接工程施工及验收规范》中的规定。

六、螺纹连接的管道，螺纹应清洁、规整，断丝或缺丝不得大于螺纹全扣数的10%；连接应牢固；接口处根部外露螺纹为2～3扣，并无外露填料；镀锌管道的镀锌层应注意保护，对局部的破损处应进行防腐处理。

七、用法兰连接的管道，法兰面应与管道中心线垂直，并达到同心；法兰对接应平行，其偏差不应大于其外径的1.5%，且不得大于2mm，连接螺丝长度应一致，螺母在同侧、均匀拧紧；螺栓紧固后不应低于螺母平面；法兰的衬垫规格、品种与厚度应符合设计的要求。

八、补偿器的补偿量和安装位置必须符合设计及产品技术文件的要求，并应根据设计计算的补偿量进行预拉伸或预压缩。设有补偿器（膨胀节）的管道应设置固定支架，其结构形式和固定位置应符合设计要求，并应在补偿器的预拉伸（或预压缩）前进行固定；导向支架的设置应符合所安装产品技术文件的要求。

九、空调机组回水管上的电动两通调节阀、风机盘管机组回水管上的电动两通调节阀、空调冷热水系统中的水力平衡阀、冷（热）量计量装置等自动阀门与仪表的安装应符合下列规定：规格、数量应符合设计要求；方向应正确；位置应便于操作和观察。

十、阀门、集气罐、自动排气装置、除污器（水过滤器）等管道件的安装应符合设计要求，并应符合下列规定：

1. 阀门安装的位置、进出口方向应正确，并且应便于操作；连接应紧固，启闭应灵活；成排阀门的排列应整齐美观，在同一平面上允许偏差为3mm；安装在保温管道上的各类手动阀门，其手柄均不得向下。

2. 阀门在安装前必须进行外观检查，阀门的铭牌应符合现行国家标准《工业阀门标志》的规定。对于工作压力大于1.0MPa及在主干管上起到切断作用的阀门，应进行强度和严密性试验，合格后方可使用。电动、气动等自动控制阀门在安装前应进行单体的调试，包括开启、关闭等动作试验。

3. 冷冻水和冷却水的除污器（水过滤器）应安装在进机组前的管道上，方向正确且便于清污；与管道连接牢固、严密，其安装位置应便于清污；与管道连接牢固、严密，其安装位置应便于滤网的拆装和清洗。过滤器滤网的材质、规格和包扎方法应符合设计要求。

4. 闭式系统管路应在系统最高处及所有可能积聚空气的高点设置排气阀，在管路最低点应设置排水管及排水阀。

十一、空调水系统的水泵规格、型号、技术参数应符合设计要求和产品性能指标。水泵正常连续试运行的时间不应少于 2h。

十二、水泵及附属设备的安装。水泵及附属设备的安装应符合下列要求：

1. 水泵的平面位置和标高应符合设计要求，允许偏差为 ±10mm，安装的地脚螺栓应垂直、拧紧，且与设备底座接触紧密。

2. 水泵及附属设备的安装用的垫铁组位置正确、平稳、接触紧密，每组不超过 3 块。

3. 整体安装的水泵，纵向水平偏差不应大于 0.1%，横向水平偏差不应大于 0.2%；解体安装的水泵，纵、横向水平偏差均不应大于 0.05%；水泵与电机采用联轴器连接时，联轴器两轴芯的允许偏差，轴向倾斜不应大于 0.2%，径向位移不应大于 0.05mm；小型整体安装的管道水泵不应有明显的偏差。

4. 当设备有减振要求时，水泵应配设减振设施。减振器与水泵及水泵基础连接牢固、平稳、接触紧密。当设备转速小于 1200r/min 时，宜用弹性材料垫块或橡胶减振器；当设备转速水于 1200r/min 时，宜用弹簧减振器。

十三、水箱、集水器、分水器、储冷罐等设备的满水试验或水压试验必须符合设计要求。储冷罐内壁防腐涂层的材质、涂抹质量、涂层厚度必须符合设计或产品技术文件要求，储冷罐与底座必须进行绝热处理。

十四、水箱、集水器、分水器、储冷罐等设备的安装，支架或底座的尺寸、位置应符合设计要求。设备与支架或底座应接触紧密，安装平正、牢固，平面位置允许偏差为 ±15mm，标高允许偏差为 ±5mm，垂直度允许偏差为 1%。膨胀水箱安装的位置及接管的连接应符合设计文件的要求。

十五、风机盘管机组及其他空调设备与管道的连接，宜采用弹性接管或软接管（金属或非金属软管），其耐压值应大于 1.5 倍的工作压力。软管的连接应牢固，不应有强扭和瘪管。

十六、冷却塔的规格、型号、技术参数必须符合设计要求。对含有易燃材料冷却塔的安装，必须严格执行施工防火安全的规定。

十七、冷却塔的安装工艺。冷却塔的安装应符合下列要求：

1. 基础的标高应符合设计要求，允许偏差为±20mm。冷却塔的地脚螺栓与预埋件的连接或固定应牢固，各连接部件应采用热镀锌或不锈钢螺栓，其紧固力应一致、均匀。

2. 冷却塔安装应水平，单台冷却塔安装水平度和垂直度的允许偏差均为2‰。

3. 冷却塔的出水口及喷嘴的方向和位置应正确，积水盘应严密无渗漏，分水器布水均匀。带转动布水器的冷却塔，其转动部分应灵活，喷水出口按设计或产品要求，方向应一致。

4. 冷却塔风机叶片端部与塔体四周的径向间隙应均匀，对于可以调整的叶片，角度应当一致。

5. 多台冷却塔并联使用时，应当使并联管路的阻力平衡，确保水量分配均匀；接水盘也应接管连通，使多台冷却水位高差不大于30mm；直径100mm以上的水管与冷却塔相连时，宜采用防振的软接头，防止水管振动引起冷却塔的振动。

十八、制冷机组（包括压缩式冷水机组、吸收式冷水机组和模块式冷水机组）的安装。

1. 开箱检查。依据设备清单认真核对冷水机组的名称、产地、型号、规格、技术性能参数、合格证书、设备安装使用说明书、性能检测报告和随机备件。

2. 进行设备清洗。对制冷机组的汽缸、活塞、吸排气阀、曲轴箱和油路清洗干净，过滤或更换润滑油，并测量必要的同轴度和装配间隙。

3. 设备定位。找平、找正活塞式制冷机组，机身纵横向水平度允许偏差为0.2‰；螺杆式、离心式和模块式制冷机组，机身纵横向水平度允许偏差为0.1‰；溴化锂吸收式制冷机组机身纵横向水平度允许偏差为0.5‰；辅助设备的立式垂直度或卧式水平度均为1‰；附设冷凝器和储液器应向集油端倾斜1‰～2‰。

4. 对组装式制冷机组和现场充注制冷剂的机组，必须进行吹污、气密性试验、真空试验和充注制冷剂检漏试验，其技术数据必须符合产品技术文件和国家相关标准的规定。

十九、管道系统安装完毕、外观质量检查合格后，应按设计要求进行水压试验，当设计无规定时应符合下列要求：

1. 冷热水、冷却水系统的试验压力，当工作压力小于等于1.0MPa时，为1.5倍的工作压力，但最低不小于0.6MPa；当工作压力大于1.0MPa时，为工作压力加0.5MPa。

2. 对于大型或高层建筑垂直位差较大的冷（热）媒水、冷却水管道系统采用分区、分层试压和系统试压相结合的方法。一般建筑可采用系统试压的方法。

3. 分区、分层试压。对于相对独立的局部区域的管道进行试压。在试验压力下，稳压时间10min，压力不得下降，再将系统压力降至工作压力，在60min内压力不得下降，外观检查无渗漏为试压合格。

4. 系统试压。在各分区管道与系统主、干管全部连通后,对整个系统的管道进行系统试压。试验压力以最低点的压力为准,但最低点的压力不得超过管道与组成件的承受压力。压力试验升至试验压力后,稳压 10min,压力下降不得大于 0.02MPa,再将系统压力降至工作压力,外观检查无渗漏为试压合格。

5. 各类耐压塑料管的强度试验压力为 1.5 倍工作压力,严密工作压力为 1.15 倍的设计工作压力。

6. 凝结水系统采用充水试验,应以不渗漏为合格。

第五节　通风空调设备节能工程施工技术

一、通风机的安装

(一) 通风机的开箱检查

在风机开箱检查时,首先应根据设计图纸核对名称、型号、机号、传动方式、旋转方向和风口位置。通风机符合设计要求后,应对通风机进行下列检查:

1. 根据设备装箱单,核对叶轮、机壳和其他部位(如地脚螺栓孔中心距,进风口、排风口法兰孔径和方位及中心距、轴的中心标高等)的主要尺寸是否符合设计要求。

2. 叶轮的旋转方向应符合设备技术文件规定。

3. 进风口、排风口应有盖板严密遮盖,防止尘土和杂物进入。

4. 检查通风机外露部分各加工面的防锈情况,以及转子是否发生明显的变形或严重锈蚀、碰伤等,如果有以上情况应会同有关单位研究处理。

5. 检查通风机叶轮和进气短管的间隙,用手盘动叶轮,旋转时叶轮不应和进气短管相碰。叶轮的平衡在出厂时都经过严格校正,一般在安装时可不进行这项检查。

(二) 通风机的搬运和吊装

按照设计图纸的要求,通风机安装在混凝土基础上、通风机平台上或墙、柱的支架上。由于通风机连同电动机重量较大,所以在平台上或较高的基础上安装时,可用滑轮或倒链进行吊装。在通风机的搬运和吊装中应注意如下事项:

1. 整体安装的风机,绳索不能捆绑在转子和机壳或轴承盖的吊环上,而应当固定在风机轴承箱的两个受力环上或电机的受力环上,以及机壳侧面的法兰网孔上。

2. 与机壳边接触的绳索，在棱角处应垫上软物，防止绳索受力磨损切割绳索或损伤机壳表面。特别是现场组装的风机，绳索捆绑不能损伤机件表面、转子、轴颈和轴衬等处。

3. 输送特殊介质的通风机转子和机壳内涂敷的保护层，应严加保护，不得出现损坏。

（三）轴流式通风机的安装

轴流式通风机工作时，动力机驱动叶轮在圆筒形机壳内旋转，气体从集流器进入，通过叶轮获得能量，提高压力和速度，然后沿轴向排出。轴流通风机的布置形式有立式、卧式和倾斜式3种。轴流式通风机具有结构简单、低噪声、安装简便、防腐性能良好、静压及效率高、运转平稳、机械振动小等特点。不仅广泛应用于酸洗工段、化验室、地下室、发电厂、电镀、氧化厂等含有腐蚀性气体的场所，也可以用于一般工矿企业、仓库、办公楼、住所等场所通风换气。

轴流式通风机分为叶轮与电机直联式和叶轮与电机用皮带传动两大类。直联式主要用于局部排气或小的排气系统中，较多的是安装在风管中、墙洞内、窗户上或支架上。皮带传动的轴流式通风机，一般直径都比较大，在工业车间（如纺织等）应用比较普遍，风量比较大，噪声比较低。轴流式通风机在安装过程中应注意以下几个方面：

1. 轴流式通风机在墙体上安装。在墙体上安装轴流式通风机时，支架的位置和标高应符合设计图纸的要求。支架应用水平尺进行找平，支架的螺栓孔要与通风机底座的螺孔一致，底座下应垫3～5mm厚的橡胶圈，以避免通风机与支架刚性接触。

2. 轴流式通风机在墙洞或风管内安装墙体的厚度不应小于240mm。在土建工程施工时，应及时配合留好孔洞，并预埋好挡板的固定件和轴流通风机支座的预埋件。

3. 轴流式通风机在钢窗上安装。在需要安装轴流式通风机的钢窗上，首先应用厚度为2mm的钢板封闭窗口，钢板应在安装前打好与通风机框架上相同的螺孔，并开好与通风机直径相同的洞。洞内安装通风机，洞外装铝质活络百叶格。通风机关闭时，叶片向下挡住室外气流进入室内；通风机开启时，叶片被通风机吹起，排出气流。当对通风机有遮光要求时，在洞内可安装带有遮光百叶的排风口。

4. 大型轴流式通风机组装间隙允许误差。大型轴流式通风机组装叶轮与机壳的间隙应均匀分布，并符合设计文件中的要求。

二、组合式空调机组安装

组合式空调机组是由各种空气处理功能段组装而成的空气处理设备，这种空调机组主要适用于阻力大于100Pa的空调系统。机组空气处理功能段主要包括空气混合、均流、过滤、冷却、一次和二次加热、去湿、加湿、送风机、回风机、喷水、消声、热回收等单元体。

按照结构型式不同分类，组合式空调机组可分为卧式、立式和吊顶式；按照用途特征不同分类，组合式空调机组可分为通用机组、新风机组、净化机组和专用机组（如屋顶机组、地铁用机组和计算机房专用机组等）；另外，还可以按照规格分类，机组的基本规格可用额定风量表示。

组合式空调机组是由制冷压缩冷凝机组和空调器两部分组成。组合式空调机组与整体式空调机组基本相同，其区别是将制冷压缩冷凝机由箱体内移出，安装在轴流式通风机上，且在空调器的附近。电加热器安装在送风管道内，一般分为三组或四组进行手动或自动调节。电气装置和自动调节元件安装在单独的控制箱内。

组合式空调机组的安装，主要包括压缩冷凝机组、空气调节器、风管内电加热器、配电箱及控制仪表等，另外还要对机组漏风量进行测试。《组合式空调机组》中，对组合式空调机组的安装有明确的规定，应当严格执行。对各功能段的组装，也应符合设计规定的顺序和要求。

1. 压缩冷凝机组安装

压缩冷凝机组应安装在混凝土基础上，混凝土基础的强度、表面平整度、安装位置、标高、预留孔洞及预埋件等均应符合设计要求。在进行设备吊装时，应注意用衬垫将设备垫好，不要将设备磨损和变形；在进行绑扎时，主要承力点应高于设备重心，防止在起吊时产生倾斜；还应防止机组底座产生扭曲和变形。吊索的转折处与设备接触部位，应使用软质材料进行衬垫，避免设备、管路、仪表、附件等受损和损坏表面油漆。

设备就位后，应进行找平、找正。机身纵向和横向的水平度偏差应不大于 0.2‰，测量部位应在立轴外露部分或其他基准面上；对于公共底座的压缩冷凝机组，可在主机结构选择适当的位置作为基准面。

压缩冷凝机组与空气调节器管路的连接：压缩机吸入管可用紫铜管或无缝钢管，与空气调节器引出端的法兰连接，如果采用焊接时，不得有裂缝、砂眼等渗漏现象。压缩冷凝机组的出液管可用紫铜管，与空气调节器上的蒸发膨胀阀连接，连接前应将紫铜管螺母卸掉后，用扩管器将管制成喇叭形的接口，管内应确保干燥洁净，不得有任何漏气现象。

2. 空气调节器的安装

组合式空调机组的空气调节器的安装，与整体式空调机组基本相同，可以参照整体式空调机组的方法进行安装。

3. 风管电加热器安装

当采用一台空调器用来控制两个恒温车间时，一般除主风管安装电加热器外，在控制恒温房间的支管上还需要安装电加热器，这种电加热器称为微调加热器或收敛加热器，它是受恒温房间的干球温度来进行控制的。干球温度是指暴露于空气中而又不受太阳直接照射的干球温度表上所读取的数值。

电加热器安装后，在其电加热器前后 800mm 范围内的风管隔热层应采用石棉板、岩棉等不燃材料，防止由于系统在运转出现不正常情况下致使过热而引起燃烧。

4. 机组漏风量的测试

对现场组装的空调机组应进行漏风量测试，其漏风量的标准如下：

（1）当空调机组的静压为 700Pa 时，漏风率应不大于 1%。

（2）用于空气净化系统的机组，静压应为 1000Pa，当室内洁净度小于 1000 级时，漏风率应不大于 2%。

（3）当室内洁净度大于或等于 1000 级时，漏风率应不大于 1%。

三、整体式空调机组安装

整体式空调机组是将制冷压缩冷凝机组、蒸发器、通风机、加热器、加湿器、空气过滤器及自动调节和电气节控制装置等，全部组装在一个箱体内。这类空调机组的制冷量范围一般为 6978～116 300W，目前国内生产整体式空调的数量不断增加。

整体式空调机组采用直接蒸发式表面冷却器和电极加热器。电极加热器安装在箱体内或送风管内。制冷量的调节是根据空调房间的温度和湿度变化，分别控制制冷压缩机的运行缸数，或者用电磁阀控制蒸发制冷剂的流入量。空气加热除采用电加热或蒸汽、热水加热器外，有的空调机组还具有调节换向阀，使制冷系统转变为热泵运转，达到空气加热的目的。

（一）整体式空调机组分类

整体式空调机组按其用途不同，可分为恒温恒湿空调机组（H 型）和一般空调机组（L 型）。H 型又可分为一般空调机组和机房专用空调机组。机房专用空调机组用于电子计算机机房、程控电话机房等场合。整体式空调机组按冷凝器冷却介质不同，可分为风冷型和水冷型。

（二）整体式空调机组安装准备

整体式空调机组安装前，应认真熟悉施工图纸、设备说明书及有关的技术文件。根据设备装箱单会同建设单位，对制冷设备零件、部件、附属材料及专用工具的规格、数量进行检查，并做好记录。当制冷设备充有保性气体时，应检查压力表示值，确定有无泄漏情况。

（三）整体式空调机组安装步骤

1. 整体式空调机组安装时，可直接安放在混凝土的基座上，根据要求也可在基座上垫上橡胶板，以减少机组运转时的振动。

2. 整体式空调机组安装的坐标位置应正确，并对机组进行仔细的找平、找正。

3. 要按照设计或设备说明书要求的流程，对水冷式机组冷凝器的冷却水管进行连接。

4. 机组的电气装置及自动调节仪表的接线，应当参照电气、自控平面敷设电管、穿线，并参照设备技术文件进行接线。

四、空气处理室及洁净室安装

（一）空气处理机组的安装

空气处理室是一种用于调节室内空气温湿度和洁净度的设备。主要有满足热湿处理要求用的空气加热器、空气冷却器、空气加湿器，净化空气用的空气过滤器，调节新风、回风用的混风箱，以及降低通风机噪声用的消声器。空气处理机组均设有通风机。根据全年空气调节的要求，机组可配置与冷热源相连接的自动调节系统。在进行空气处理机组安装时应符合以下要求：

1. 在正式进行安装前要认真核对，空气处理机组的型号、规格、方向和技术参数应符合设计要求。

2. 安装现场组装的组合式空调处理机组必须进行漏风量检验，漏风量必须符合现行国家有关标准的规定。

3. 机组各功能段的组装应符合设计规定的顺序和要求，各功能段之间的连接应严密，整体应平直。

4. 机组与供回水管的连接应当正确，机组下部冷凝水排放管的水封高度应当符合设计要求。

5. 机组内空气过滤器（网）和空气交换器翅片应清洁、完好。

6. 机组应清扫干净，机组箱体内不允许有杂物、垃圾和积尘。

（二）消声器的安装

消声器是阻止声音传播而允许气流通过的一种器件，是消除空气动力性噪声的重要措施。消声器是安装在空气动力设备（如鼓风机、空压机）的气流通道上或进、排气系统中降低噪声的装置。消声器能够阻挡声波的传播，允许气流通过，是控制噪声的有效工具。在进行消声器安装时应符合以下要求：

1. 消声器、消声弯管应单独设置支吊架，不得由风管来支撑，其支吊架的设置应位置正确、牢固可靠。

2. 消声器支吊架的横托板穿吊杆的螺孔距离，应当比消声器宽 40～50mm。为了便于调节标高，可在吊杆的端部套 50～80mm 的丝扣，以便进行找平、找正，加双螺母固定。

3. 消声器的安装方向必须正确，不允许把方向接反，与风管或管件的法兰连接应保证严密、牢固。

4. 当通风、空调系统有恒温和恒湿要求时，消声设备的外壳应进行保温处理。

5. 消声器等安装就位后，可用拉线或吊线尺量的方法进行检查，对于位置不正、扭曲、接口不齐等不符合要求的部位进行修整。

（三）除尘器的安装

把粉尘等杂物从空气中分离出来的设备叫除尘器或除尘设备。除尘器的性能用可处理的气体量、气体通过除尘器时的阻力损失和除尘效率来表达。在进行除尘器安装时应符合以下要求：

1. 除尘器设备整体安装吊装时，应将其直接放置在基础上，用垫铁找平、找正，垫铁一般应放在地脚螺栓的内侧，斜垫铁必须成对使用。

2. 除尘设备的进口和出口方向应符合设计要求；安装连接各部法兰时，密封填料应加在螺栓的内侧，以保证其密封方便。人孔盖及检查门应压紧不得漏气。

3. 除尘器的排尘装置、卸料装置、排泥装置的安装必须严密，并便于以后操作和维修。各种阀门必须开启灵活、关闭严密。传动机构必须转动自如，动作稳定可靠。

4. 除尘器的活动或转动部件的动作应灵活、可靠，并应符合设计要求。

（四）洁净层流罩的安装

洁净层流罩是一种可提供局部洁净环境的空气净化单元，可灵活地安装在需要高洁净度的工艺点上方。洁净层流罩可以单个使用，也可多个组合成带状洁净区域。它主要由箱体、风机、初效空气过滤器、阻尼层、灯具等组成，外壳进行喷塑处理。该产品既可悬挂又可地面支撑，结构紧凑，使用方便。在进行洁净层流罩安装时应符合以下要求：

1. 洁净层流罩安装高度和位置应符合设计要求，应设立单独的吊杆，并且有防止晃动的固定措施，以保持洁净层流罩的稳固。

2. 安装在洁净室的洁净层流罩，与顶板相连的四周必须设有密封及隔振措施，以保证洁净室的严密性。

3. 洁净层流罩安装的水平度允许偏差为1‰，高度的允许偏差为±1mm。

（五）装配式洁净室的安装

洁净室是指将一定空间范围内的空气中的微粒子、有害空气、细菌等污染物排除，并将室内的温度、洁净度、室内压力、气流速度与气流分布、噪声振动及照明、静电控制在某一需求范围内，而所给予特别设计的房间。亦即不论外在的空气条件如何变化，其室内均能具有维持原先所设定要求的洁净度、温湿度及压力等性能的特性。在进行装配式洁净室安装时应符合以下要求：

1. 地面铺设。垂直单向流的洁净室地面，宜采用格栅铝合金活动地板；而水平单向流和乱流的洁净室地面，宜采用塑料贴面活动地板或现场铺设塑料地板。塑料地面一般应选用抗静电的聚氯乙烯卷材。

2. 板壁安装。在板壁安装之前，应严格在地面弹线并校准尺寸，安装中如出现较大误差，应对板件单体进行调整或更换，防止累积误差出现不能闭合的现象。按照画出的底马槽线将贴密封条的底马槽装好，应注意使马槽接缝与板壁接缝错开。

板壁应先从转角处开始安装，板壁两边企口处各贴一层厚度为2mm的闭孔海绵橡胶板，第一块L形板壁的两边各装的一个底卡子均应放入马槽，之后每安装一个底卡子均应与相邻板壁企口吻合。当相邻两块板壁的高度一致、垂直平行时，便可装顶卡子将相邻两块板壁锁牢。

板壁安装好后，将顶马槽和屋角处进行预装，预装要注意保持平直，不使接缝与板壁的接缝错开。板壁组装结束后，应对其垂直度进行检查，检查宜用2m托板和直尺，不垂直度应小于或等于0.2%，否则应进行调整。

五、制冷机组的安装

（一）活塞式制冷机组的安装

冷水机组中以活塞式压缩机为主机的称为活塞式制冷机组。活塞式制冷机组的压缩机、蒸发器、冷凝器和节流机构等设备，都组装在一起，安装在一个机座上，其连接管路已在制造厂完成了装配，因此用户只须在现场连接电气线路及外接水管（包括冷却水管路和冷冻水管路），并进行必要的管道保温，即可投入运转。在活塞式制冷机组的安装中应注意以下方面：

1. 采用整体安装的活塞式制冷机，其机身的纵向和横向水平度允许偏差为 0.2‰。

2. 用油封的活塞式制冷机，如在技术文件规定的期限内外观完整、机体无损伤和锈蚀等现象，可以仅拆卸缸盖、活塞、汽缸内壁、吸排气阀、曲轴箱等并清洗干净，油系统一定要畅通；同时要检查紧固件是否牢固，并更换曲轴箱的润滑油。如在技术文件规定期限外，或机体有损伤和锈蚀等现象时，必须进行全面检查，并按设备技术文件的规定拆洗装配。

3. 充入保护气体的机组在技术文件规定的期限内，外观完整和氮封压力无变化的情况下，可不进行内部清洗，仅做外表擦洗，如需要清洗时，严禁混入水汽。

4. 制冷机的辅助设备，在单体安装前必须进行吹污处理，并保持内壁的清洁，安装位置应正确，各管口必须畅通。

5. 活塞式压缩机中的储液器及洗涤式油氨分离器的进液，均应低于冷凝器的出液口。

6. 直接膨胀式冷却器，表面应保持清洁、完整，安装时空气与制冷剂应呈逆向流动。冷凝器四周的缝隙应堵严，冷凝水排出应畅通。

7. 卧式及组合式冷凝器、储液器在室外露天布置时，应当设有遮阳与防冻措施。

（二）离心式制冷机组的安装

离心式制冷机的构造和工作原理与离心式鼓风机极为相似。但它的工作原理与活塞式压缩机有根本的区别，它不是利用汽缸容积减小的方式来提高气体的压力，而是依靠动能的变化来提高气体压力。离心式压缩机具有带叶片的工作轮，当工作轮转动时，叶片就带动气体运动或者使气体得到动能，然后使部分动能转化为压力能从而提高气体的压力。这种压缩机由于它工作时不断地将制冷剂蒸汽吸入，又不断地沿半径方向被甩出去，所以称这种形式的压缩机为离心式压缩机。

以离心式制冷压缩机为主机的冷水机组，称为离心式制冷机组。目前使用有单级压缩离心式制冷机组和两级压缩离心式制冷机组。在离心式制冷机组的安装中应注意以下方面：

1. 离心式制冷机组安装前，首先检查机组的内压应符合设备技术文件规定的压力。

2. 离心式制冷压缩机应在主轴上找正纵向水平，其不水平度不应超过 0.03‰；在机壳中分面上找平横向水平，其不水平度均不应大于 0.01‰。

3. 安装离心式制冷压缩机的基础底板应平整，底座安装应设置隔振器，所有隔振器的压缩量应均匀一致。

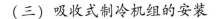

（三）吸收式制冷机组的安装

液体蒸发法是常见的一种机械制冷方式，利用低沸点的液体吸收环境介质的热量而蒸发，达到使环境介质降温的目的，这种低沸点的液体称为"制冷剂"；在吸收式制冷方式中，除了制取冷量的制冷剂外，还有吸收、解吸制冷剂的"吸收剂"，二者组成工质对。在发生器中工质对被加热介质加热，解析出制冷剂蒸汽。制冷剂蒸汽在冷凝器中被冷却凝结成液体，然后降压进入蒸发器吸热蒸发，产生制冷效应。蒸发产生的制冷剂蒸汽进入吸收器，被来自发生的工质吸收，再由溶液泵加压送入发生器，如此循环不息制取冷量。

（四）螺杆式制冷机组的安装

以各种形式的螺杆式压缩机为主机的冷水机组，称为螺杆式冷水机组。它是由螺杆式制冷压缩机、冷凝器、蒸发器、节流装置、油泵、电气控制箱以及其他控制元件等组成的组装式制冷系统。螺杆式冷水机组具有结构紧凑、运转平稳、操作简便、冷量无级调节、体积小、重量轻及占地面积小等优点。在螺杆式制冷机组的安装中应注意以下方面：

1. 螺杆式制冷压缩机在进行安装时，应对其基础进行仔细找平，其纵向和横向的不水平度应小于或等于1‰。

2. 螺杆式制冷压缩机在接管前，应先清洗吸气和排气管道；对管道应根据实际情况进行必要的支撑。连接时应注意不要使机组变形，否则影响电机和螺杆式制冷压缩机的对中。

（五）空调系统冷却塔的安装

冷却塔是集空气动力学、热力学、流体学、化学、生物化学、材料学、静态和动态结构力学、加工技术等多种学科于一体的综合产物。冷却塔是一个典型的散热装置，是一种利用水的蒸发吸热原理来散去制冷空调中产生的废热以保证系统运行的装置。在空调系统冷却塔的安装中应注意以下方面：

1. 空调系统冷却塔的安装应平稳，地脚螺栓的固定应牢固。

2. 空调系统冷却塔的出水管口及喷嘴的方向和位置应正确，布水应均匀。

3. 有转动布水器的冷却塔，其转动部分必须灵活，喷水出口宜向下与水平呈30°夹角，且方向一致，不应垂直向下。

4. 玻璃钢冷却塔和用塑料制品做填料的冷却塔，安装时应严格执行《建筑设计防火规范》中的有关规定。

第四章 建筑配电与照明节能工程施工

第一节 建筑配电与照明节能工程概述

电能是现代人们生产和生活的重要能源。它为工业、农业、交通运输和社会生活提供能源。电能既易于由其他形式的能量转换而来，又易于转换为其他形式的能量以供使用。电能的输送和分配既简单、经济，又易于控制、调节和测量，能方便地实现生产过程的自动化。因此，电能已广泛应用到社会生产的各个领域和社会生活的各个方面。建筑配电就是指建筑所需电能的分配问题。

电气照明是现代人工照明极其重要的手段，是现代建筑的重要组成部分。照明是人们生活和工作不可缺少的条件，良好的照明不仅有利于人们的身心健康，保护视力，提高劳动生产率及保证安全生产，又能对建筑进行装饰，发挥和表现建筑环境的美感，因此照明已成为现代生活和现代建筑中不可缺少的组成部分。

降低建筑能耗，实现可持续发展，是当前节约能源的重要途径。建筑能耗包括采暖、空调、热水供应、照明和电器等方面，而照明节能是建筑节能的重要组成部分。随着社会的进步，经济的发展，照明与人们的生活越来越密不可分。面临我国能源匮乏的现状，实施建筑配电与照明节能，不仅给使用者带来经济实惠，而且更关系到国家的可持续发展战略。

据有关统计资料表明，在民用建筑中电能的消耗比例大致上是：空调用电占到建筑用电的 40%～50%，水泵等设备的用电占 10%～15%，其他设备用电占 10%～15%，而照明用电占 15%～25%，成为用电量仅次于制冷空调的重要负荷。从这些数据中可以看出，在建筑能耗方面，空调和照明占到了举足轻重的比例。其中建筑照明量大面广，照明工程中光源、灯具、启动设备、照明方式及其控制的选用，变压器的经济运行，减少线路能量损耗及提高系统功率因数等环节，均蕴含着巨大的节能潜力，不仅能有效缓和电力供需矛盾，节约能源，改善环境，还有显著的经济效益。

一、配电照明节能技术

"中国绿色照明工程"发展和推广的高效照明器具，主要包括紧凑型荧光灯、细管型荧光灯、高压钠灯、金属卤化物灯等高效电光源；以电子镇流器、高效电感镇流器、高效反射灯罩等为主的照明电器附件；以调光装置、声控、光控、时控、感控等为主的光源控制器件。

现在我国建筑室内绿色照明在技术上主要是采用高效、节能型的照明光源。室内照明光源主要以各种形式的荧光灯为主，主要包括高频荧光灯、紧凑型荧光灯、三基色荧光灯、自镇流型荧光灯、高频无极感应灯等。

二、现行的配电照明节能技术标准

照明节能途径一般主要包括照度的确定、照明光源的选择、照明灯具及其附属装置的选择、照明控制及管理、采用智能化照明、推广绿色照明工程等。我国有关建筑配电与照明的现行节能标准如下：

（一）《建筑照明设计标准》

本标准适用于新建、改建和扩建以及装饰的居住、公共和工业建筑的照明设计。为在建筑照明设计中贯彻国家的法律、法规和技术经济政策，满足建筑功能需要，有利于生产、工作、学习、生活和身心健康，做到技术先进、经济合理、使用安全、节能环保、维护方便，促进绿色照明应用，制定本标准。

（二）《建筑节能工程施工质量验收规范》

本规范适用于新建、改建和扩建的民用建筑工程中的墙体、幕墙、门窗、屋面、地面、采暖、通风与空调、空调与采暖系统的冷热源及管网、配电与照明、监测与控制等建筑节能工程施工质量的验收。

本规范其主要内容包括墙体节能工程、幕墙节能工程、门窗节能工程、屋面节能工程、地面节能工程、采暖节能工程、通风与空调节能工程、空调与采暖系统冷热源及管网节能工程、配电与照明节能工程、监测与控制节能工程，建筑节能工程现场检验，建筑节能分部工程质量验收，等等。

（三）《民用建筑电气设计规范》

本规范适用于城镇新建、改建和扩建的单体及群体民用建筑的电气设计，不适用于人防工程的电气设计。规范要求：民用建筑电气设计应采用各项节能措施，推广应用节能型的设备，降低电能消耗。

本规范其主要内容包括供配电系统，配变电所，继电保护及电气测量，自备应急电源，低压配电，配电线路布线系统，常用设备电气装置，电气照明，民用建筑防雷，接地及安全，火灾自动报警与联动控制，安全技术防范，有线电视和卫星电视、广播、扩声与会议系统，呼应信号及信息显示，建筑设备控制系统，计算机网络系统，通信网络系统，综合布线系统，电磁兼容，电子信息设备机房，锅炉房热工检测与控制，住宅（小区）电气设计，等等。

（四）《住宅建筑电气设计规范》

本规范适用于城镇新建、改建和扩建的住宅建筑的电气设计，不适用于住宅建筑附设防空地下室工程的电气设计。

本规范其主要内容包括供配电系统，配变电所，自备电源，低压配电，配电线路布线系统，常用设备电气装置，电气照明，防雷与接地，信息设施系统，信息化应用系统，建筑设备管理系统，公共安全系统，机房工程等。

（五）《建筑电气工程施工质量验收规范》

本规范适用于满足建筑物预期使用功能要求的电气安装工程施工质量验收，适用电压等级为 35kV 及以下。

本规范其主要内容包括主要设备、材料、半成品进场验收，工序交接确认，架空线路及杆上电气设备安装，变压器、箱式变电所安装，成套配电柜、控制柜（屏、台）和动力、照明配电箱（盘）安装，低压电动机、电加热器及电动执行机构检查接线，柴油发电机组安装，电缆桥安装和桥内电缆敷设，电缆沟内和电缆竖井内电缆敷设，电线导管、电缆导管和线槽敷设，电线、电缆穿管和线槽敷设，槽板配线，钢索配线，电缆头制作、接线和绝缘测试，普通灯具安装，专用灯具安装，建筑物景观照明灯、航空障碍标志灯和庭院灯安装，开关、插座、风扇安装，建筑物照明通电试运行，接地装置安装，避雷引下线和变配电室接地干线敷设，接闪器安装，建筑物等电位联结，分部（子分部）工程验收，等等。

三、照明光源、灯具及附属装置要求

（一）照明光源

照明光源指用于建筑物内外照明的人工光源。近代照明光源主要采用电光源（将电能转换为光能的光源），一般分为热辐射光源、气体放电光源和半导体光源三大类。

（二）照明灯具

照明灯具是指能透光、分配和改变光源光分布的器具，包括除光源外所有用于固定和保护光源所需的全部零、部件，以及与电源连接所必需的线路附件。灯具起着固定与保护光源、控制并重新分配光在空间的分布、防止眩光等作用。灯具分为功能灯具和装饰灯具两大类。

1. 灯具的光学特性

（1）灯具的配光特性

各种灯具配光的特性可以由各种灯具的配光曲线和空间等照明曲线来表示。灯具的配光曲线是表示灯具的发光强度在空间的分布状况。通常有对称配光曲线和非对称配光曲线两类。已知对称计算点的投光角，利用配光曲线可查到相应的发光强度。然后，再利用距离平方反比定律，即可求出点光源在计算点上形成的照度。

（2）灯具的保护角

灯具的保护角是指投光边界线与灯罩开口平面的夹角。一般灯具的保护角越大，则配光曲线越狭小，在要求配光分布宽广且又要避免直接眩光时，应在灯具开口处用能够透射光线的玻璃灯罩，也可以用各种形状的格栅。

（3）灯具的效率

灯具的效率是指灯具向空间投射的光通量与光源发出的光通量之比。灯具的效率总是小于1的。灯具的效率是反映灯具的技术经济效果的指标。

2. 灯具的分类方法

灯具通常以灯具的光通量在空间上下部分的分配比例分类，或者按灯具的安装方式来分类等。根据照明灯具的光通量在空间上下部分的分配比例，灯具可分为直接型、半直接型、漫射型、半间接型和间接型五种。

3. 灯具的选择

（1）灯具选择应考虑的因素

在进行灯具的选择时，应考虑的主要因素有光学性、环境性、协调性和经济性等。

①光学性

灯具的光学性主要包括配光要求、灯具表面亮度、显色性能和眩光等。

②环境性

环境性即灯具使用环境对防护方式的要求。

③协调性

灯具外形是否与建筑物和室内装饰协调。

④经济性

如灯具效率、电功率消耗、投资运行费、节电效果等。

（2）灯具的具体选用

根据照明场所的环境条件分别选用下列灯具。

①在比较潮湿的场所，应采用相应防护等级的防水灯具或带防水灯头的开敞式灯具。②在有腐蚀性气体或蒸汽的场所，宜采用防腐蚀密封式灯具。如果采用开敞式灯具，各部分应有防腐蚀或防水措施。③在高温使用场所，宜采用散热性能好、耐高温的灯具。④在有尘埃的场所，应按照防尘的相应防护等级选择适宜的灯具。⑤在装有锻锤、大型桥式吊车等振动、摆动较大场所使用的灯具，应有防振和防脱落的措施。⑥在易受机械损伤、光源自行脱落，可能会造成人员伤害或财物损失的场所使用的灯具，应设有防护措施。⑦在有爆炸或火灾危险场所使用的灯具，应符合国家现行相关标准和规范的有关规定。⑧在有清洁要求的场所，应采用不易积尘、易于擦拭的洁净灯具。⑨在需要防止紫外线照射的场所，应采用隔紫灯具或无紫灯源。⑩直接安装在可燃材料表面的灯具，应采用标准规定标志的灯具。

4.《建筑照明设计标准》对灯具选用规定

《建筑照明设计标准》中，关于照明灯的选用具有如下规定：选用的照明灯具应符合国家现行相关标准的有关规定；在满足眩光限制和配光要求条件下，应选用效率高的灯具。

（三）附属装置

1.主要附属装置种类

照明系统的附属装置，主要有开关和插座、低压断路器、熔断器等。

（1）开关和插座

①照明开关

照明开关的种类很多，按使用方式分为拉线式和扳钮式等；按安装方式分为明装和暗装；按外壳防护形式分为普通式、防水防尘式和防爆式等；按控制数量分为单联、双联、三联等；按控制方式分为单控、双控和三控。

②插座

插座又称电源插座、开关插座，是指有一个或一个以上电路接线可插入的座，通过它可插入各种接线，便于与其他电路接通。插座按相数分为单相插座、三相插座；按安装方式分为明装和暗装；按防护方式分为普通式、防水防尘式和防爆式等。

（2）低压断路器

低压断路器又称为自动空气开关，在现代的民用建筑中大量应用。其动作情况是采用手动合闸，出现故障自动跳闸。低压断路器同时可用作线路的故障（如过载、短路、欠压、失压等）。在保护和选择低压断路器时应考虑以下几方面的因素：①按照工作条件选择低压断路器的型号和结构。在低压配电、电机控制和建筑照明线路中常用框架式和塑料外壳式。②按线路的额定参数选择低压断路器的额定电压和额定电流。低压断路器的额定电压应不小于装设在其线路的额定电压，其额定电流应不小于线路的计算电流。③根据不同使用场合选用脱扣器的类型。一般线路中均附有过流脱扣器，以保护短路和大的过载电流。控制电动机时，应设有欠压、失压保护，故须设失压脱扣器。如果控制鼠笼式电动机，为使电动机在启动时不跳闸，又能起过载和短路保护作用，应设置脱扣器或有延时的过电流脱扣器。④应当通过计算对脱扣器的动作电流进行整定，也可以通过试验进行调整。

（3）熔断器

熔断器也被称为保险丝。当电流超过规定值时，以本身产生的热量使熔体熔断，是广泛用于供电系统中的保护电器，也是单台用电设备的重要保护元件之一。

熔断器串接于被保护的电路中，当电路发生短路或出现严重过载时，熔断器会自动熔断，从而切割电路。熔断器不能在正常工作时切断和接通电路；且一般只能一次使用，不能恢复。熔断器按结构可分为插入式、旋塞式和管式三种。熔断器应根据以下条件进行选择：①根据供电对象和线路的特性选择熔断器的类型。②根据线路负载电流选择熔断器的熔体，一般要求在正常工作、电动机启动或有尖峰电流时，熔体不应出现熔断。③熔断器的额定电压不应低于线路的额定电压。

2. 对附属装置的要求

（1）《建筑照明设计标准》中的相关规定

①照明设计时按下列原则选择镇流器。自镇流荧光灯应配用电子镇流器；直管形荧光灯应配用电子镇流器或节能型电感镇流器；高压钠灯、金属卤化物灯应配用节能型电感镇流器，在电压偏差较大的场所，宜配用恒功率镇流器，功率较小者可配用电子镇流器；采用的镇流器应符合该产品的国家能效标准。②高强度气体放电灯的触发器与光源的安装距离应符合产品的要求。

（2）《建筑电气工程施工质量验收规范》中的相关规定

①查验产品合格证，防爆产品应有防爆标志和防爆合格证号，实行安全认证制度的产

品应有安全认证标志。②开关、插座的面板及接线盒的盒体完整、无碎裂、零件齐全，风扇无损坏，涂层应完整；调速器等附件适配。③对开关、插座的电气和机械性能进行现场抽样检测，并应符合下列规定：a. 不同极性带电部件间的电气间隙和爬电距离应不小于3mm；b. 绝缘电阻值应不小于5MΩ；c. 用自攻锁紧螺钉或自切螺钉安装的，螺钉与软塑料固定件旋合长度应不小于8mm，软塑固定件在经受10次拧紧退出试验后，无松动或掉渣，螺钉及螺纹无损坏现象；d. 金属间相旋合的螺钉螺母拧紧后完全退出，反复5次仍能正常使用。④对开关、插座、接线盒及其面板等塑料绝缘材料的阻燃性能有异议时，按批抽样送有资质的试验室进行检测。

第二节　低压配电系统电缆与电线的选择

低压配电系统电缆与电线的选择，是建筑配电与照明工程中的一项重要内容。电缆与电线选择是否适宜，不仅关系到能否满足工程的实际需要和节能，还关系到工程造价和使用中的安全。因此，在低电配电系统电缆与电线的选择中，应按照有关规定进行。

一、导线与电缆截面的选择

导线和电缆选择是建筑配电与照明供电网路设计的一个重要组成部分，因为它们是构成供电网路的主要元件，电能必须依靠导线与电缆来输送分配。在选择导线和电缆的型号及截面时，既要保证建筑配电与照明的安全，又要充分利用导线和电缆的负载能力。

导线和电缆所用的有色金属（铝、铜等）都是国家经济建设需用量很大的物质，因此，正确选择导线和电缆的型号及截面，对于安全用电、建筑节能和节约有色金属，均具有重要的意义。导线和电缆的选择内容包括两方面：一是确定其结构、型号、使用环境和敷设方式等；二是选择导线和电缆的截面。

工程实践证明，建筑配电与照明导线和电缆的选择，必须满足下列几个要求：

第一，在额定电流下，导线和电缆的温升不得超过允许值；第二，在额定电流下，导线和电缆上的电压损失不得超过允许值；第三，导线的截面不应小于最小允许截面，对于电缆不必检验机械强度；第四，导线和电缆还应满足工作电压的要求。

二、导线连接的基本方法

导线连接是电工作业的一项基本工序，也是一项十分重要的工序。导线连接的质量直接关系到整个线路能否安全可靠地长期运行。对导线连接的基本要求是：连接牢固可靠、

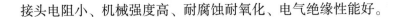

接头电阻小、机械强度高、耐腐蚀耐氧化、电气绝缘性能好。

(一) 单芯铜导线的直接连接

1. 绞接法

单芯铜导线的绞接法适用于 4mm² 及以下的单芯线。将两线互相交叉，用双手同时把两芯线互绞 2 圈后，再扳直与连接线成 90°，将一个线芯在另一个线芯上缠绕 5 圈，剪掉余头即可。

2. 缠卷法

缠卷法有加辅助线和不加辅助线两种，适用于 6mm² 及以上的单芯线的直接连接。将两线相互合并，加一根同径芯线做辅助线后，绑扎在合并部位从中间向两端缠绕，其缠绕长度为导线直径的 10 倍，然后将两线芯端头折回，在此向外再缠绕 5 圈，与辅助线捻绞 2 圈，再将余线剪掉即可。

(二) 单芯铜导线的分支连接

1. 绞接法

绞接法适用于 4mm² 及以下的单芯线连接。用分支线路的导线向干线上交叉，先打好一个圈节，然后再缠绕 5 圈，剪掉余线即可。

2. 缠卷法

缠卷法适用于 6mm² 及以上的单芯线的分支连接。将分支线折成 90° 紧靠干线，其缠绕长度为导线直径的 10 倍，单边缠绕 5 圈后剪断余下线头即可。

(三) 多芯铜导线的直接连接

多芯铜导线的直接连接共有三种方法：单卷法、缠卷法和复卷法。不管采用哪种方法，首先均须用细砂布将线芯表面的氧化膜清除，再将两线芯的结合处的中心线剪掉一段，将外侧线芯做成伞状分开，相互交叉成一体，并将已张开的线端合成一体。

1. 单卷法

取任意两根相邻的芯线，在结合处中央交叉，用其中的一根线芯作为绑线，在另一侧的导线上缠绕 5～7 圈后，再用另一根芯线与绑线相绞后，把原来的绑线压在下面继续按照上述方法缠绕，缠绕长度为导线直径的 5 倍，最后缠卷的线端与一余线捻绞 2 圈后剪断。另一侧的导线依次进行，注意应把线芯相绞处排列在一条直线上。

2. 缠卷法

使用一根绑线时，用绑线中间在导线连接中部开始向两端缠绕，其缠绕长度为导线直径的 10 倍，余线与其中一根连接线芯线捻绞 2 圈，将余线剪掉即可。

3. 复卷法

适用于多芯软导线的连接，把合拢的导线一端用短绑线做临时绑扎，将另一端线芯全部紧密缠绕 3 圈，多余线端按阶梯形剪掉，另一侧也按此方法处理。

（四）多芯铜导线分支连接

1. 缠卷法

将分支线折成 90°紧靠干线，在绑扎端部相应长度处弯成半圆形，将绑线短端弯成与半圆形成 90°角，并与连接线紧靠，用较长的一端缠绕，其长度应为导线结合处直径的 5 倍，再将绑线两端捻绞 2 圈，剪掉余线即可。

2. 单卷法

将分支线破开，根部折成 90°紧靠干线，用分支线中的一根在干线上缠绕 3～5 圈后剪断，再用另一根继续缠绕 3～5 圈后剪断，按照此法一直连接到双根导线直径的 5 倍时为止，应保证各剪断处在同一直线上。

3. 复卷法

将分支线端分成两半后，与干线连接处中央相交叉，将分支线向干线两侧分别紧密缠绕后，余线按阶梯形剪断，长度为导线直径的 10 倍。

（五）铜导线并接

1. 单芯线并接

将连接线端并齐合拢，在距离绝缘层约 15mm 处用其中一根线芯在其连接端缠绕 5～7 圈后剪断，把余线头折回压在缠绕线上。

2. 多芯线并接

将绞线破开顺直并合拢，另用绑线同多芯导线分支连接缠绕法弯制绑线，在合拢线上缠卷，其长度为双根导线直径的 5 倍。

3. 使用压线帽连接

将导线的绝缘层剥去 8～10mm（按压线帽的型号决定），清除线芯表面的氧化物，按规格选用配套的压线帽，将线芯插入压线帽的压接管内，线芯插到底后，导线绝缘层应和压接管平齐，并包在帽壳内，用专用压接钳压实即可。

（六）压接接线端子

多股导线可采用与导线同材质且规格相应的接线端子，削去导线的绝缘层，将线芯紧密地绞在一起，将线芯插入，用压接钳压紧。导线外露部分应小于 $1 \sim 2mm$。

（七）导线与平压式接线柱连接

1. 单芯线连接

用改锥进行压接时，导线要顺着螺钉旋进方向在螺钉上紧绕一圈后再紧固，不允许反圈压接，盘圈开口不宜大于 2mm。

2. 多股铜芯软线连接

一种方法是先将软线做成单眼圈状，涮锡后再用上述方法连接；另一种方法是将软线拧紧制锡后插入接线鼻子（开口和不开口两种），用专用压线钳压接后用螺栓紧固。

注意：以上两种方法压接后外露线芯的长度不宜超过 1mm。

（八）导线与针孔式接线桩连接（压接）

把要连接的导线线芯插入线桩头针孔内，导线裸露出针孔大于导线直径 1 倍时需要折回头插入压接。

第三节　建筑配电与照明系统的安装技术

一、配电系统架空线路导线架设

导线的架设工序主要包括放线、架线、紧线和绑扎。架设前应认真检查施工准备工作的情况、导线规格和长度等。

（一）导线的放线与架线

在导线架设放线前，首先应勘察沿线情况，清除放线途中可能损伤导线的障碍物，或采取其他的可靠防护措施。对于跨越公路、铁路、一般通信线路和不能停电的电力线路，应在放线前搭好牢固的跨越架，跨越架的宽度应当稍微大于电杆横担的长度，以防止放线时导线掉落，影响导线架设的速度。

导线放线有拖放法和展放法两种：拖放法是将线盘架设在放线架上拖放导线；展放法是将线盘架设在汽车上，行驶中展放导线。放线一般从始端开始，通常以一个耐张段为一个单元进行。可以采取先放线，即把所有导线全部放完，再一根根地将导线架在电杆横担上；也可以采取边放线边架线。放线时应使导线从线盘上方引出，在放线的过程中，线盘处要设专人进行看守，保持放线速度均匀，同时检查导线的质量，发现问题及时处理。

当导线沿着线路展放在电杆旁的地面上以后，可由施工人员登上电杆将导线用绳子提到电杆的横担上。在架线中，导线吊上电杆后，应放在事先装好的开口木质滑轮内，防止导线在横担上拖拉磨损，钢导线也可以使用钢滑轮。

（二）导线的修补与连接

1. 导线的修补

导线一旦出现损伤时，一定要及时进行修补，否则会影响电气性能，甚至出现安全事故。

（1）导线在同一处损伤，有下列情况之一时可以不做修补：单股损伤的深度小于直径的 1/2，但应将损伤处的棱角与毛刺用 0 号砂纸磨光；钢芯铝绞线、钢芯铝合金绞线损伤截面面积小于导电部分截面面积的 5%，且强度损失小于 4%；单金属绞线损伤截面面积小于导电部分截面面积的 4%。

（2）当导线在同一处损伤存在表 4-1 中的情况时应按规定进行修补，修补应符合表中的标准。①受损导线采用缠绕处理应符合以下规定：受损伤处线股应处理平整；选用与导线同种金属的单股线作为缠绕材料，且其直径不应小于 2mm；缠绕中心应位于损伤最严重处，缠绕应紧密，受损部分应全部覆盖，其长度不应小于 100mm。②受损导线采用预绞丝修补应符合以下规定：损伤处线股应处理平整；修补预绞丝长度不应小于 3 个节距；修补预绞丝中心应位于损伤最严重处，且应与导线紧密接触，损伤部分应全部覆盖。③受损导线采用修补管修补应符合以下规定：损伤处的铝或铝合金股丝应当先恢复其原始绞制的状态；修补管应当位于损伤最严重处，需要修补导线的范围距离管端部不得小于 20mm。

（3）导线在同一处的损伤有下列情况之一时应将导线损伤部分全部割去，重新用直线接续管连接：强度损伤或损伤截面面积超过修补管修补的规定；连续损伤其强度截面面积虽未超过可以用修补管修补的规定，但损伤长度已超过修补管能修补的范围；钢芯铝绞线的钢芯断一股；导线出现灯笼的直径超过 1.5 倍导线直径而且无法修复；金钩破股已形成

无法修复的永久变形。

表 4-1　导线损伤修补处理标准

导线类别	损伤情况	处理方法
铝绞线	导线在同一处损伤程度已经超过规定，但因损伤导致的强度损失尚未超过总拉断力的5%	用缠绕或修补预绞丝修理
铝合金绞线	导线在同一处损伤程度已经超过规定，因损伤导致的强度损失超过总拉断力的5%，但尚未超过17%	用修补管修补
钢芯铝绞线	导线在同一处损伤程度已经超过规定，因损伤导致的强度损失尚未超过总拉断力的5%，且截面面积损伤不超过导电部分总截面面积的7%	用缠绕或修补预绞丝修理
钢芯铝合金绞线	导线在同一处损伤导致的强度损失超过总拉断力的5%，但尚未超过17%，且截面面积损伤不超过导电部分总截面面积的25%	用修补管修补

2. 导线的连接

（1）由于导线的连接质量直接影响到导线的机械强度和电气性能，所以架设的导线在连接时应当符合以下规定：在任何情况下，每一档距内的每条导线，只能设置一个接头；导线接头位置与针式绝缘子固定处的净距离不应小于500mm；与耐张线夹之间的距离不应小于15m。（2）架空线路在跨越公路、铁路、河流、电力及通信线路时，导线以及避雷线上不能有接头。（3）不同金属、不同规格、不同绞制方向的导线，严禁在档距内进行连接，只能在电杆上跳线时连接。（4）导线接头处的力学性能，不应低于原导线强度的90%，电阻不应超过同长度导线电阻的1.2倍。（5）导线的连接方法有钳压接法、缠绕法和爆炸压接法。如果接头在跳线处，可以使用线夹连接，接头在其他位置，通常采用钳压接法连接，就是把要连接的两个导线头放在专用的接续管内，然后按顺序进行压接。（6）导线采用钳压接续管进行连接时，应符合下列规定：①接续管型号与导线规格应配套。②压接前导线的端头要用绑线绑牢，压接后不应拆除。③钳压后导线端头露出的长度不应小于20mm。④压接后的接续管弯曲度不应大于管长的2%。⑤压接后或矫正后的接续管不应有裂纹。⑥压接后的接续管两端附近的导线不应有灯笼、抽筋等现象。⑦压接后接续管两端出处、接缝处及外露部分应涂刷油漆。（7）压接铝绞线时，压接顺序从导线断头开始，按交错顺序向另一端进行；铜绞线与铝绞线压接方法相类似；压接钢芯铝绞线时，压接顺序从中间开始，分别向两端进行。压接240mm² 钢芯铝绞线时，可用两只接续管串联进行，两管间距不应小于 15mm。

（三）导线的紧线与固定

1. 导线的紧线

导线的紧线工作一般与弧垂测量和导线固定同时进行。展放导线时，导线的展放长度比档距长度略有所增加，平地一般应当增加 2%，山地一般应当增加 3%，架设完毕后应当立即将导线收紧。

（1）导线紧线在做好耐张杆、转角杆和终端杆的拉线后，就可以开始分段紧线。先将导线的一端在绝缘子上固定好，然后在导线的另一端用紧线器紧线。在杆的受力侧应装设正式和临时的拉线，用钢丝绳或具有足够强度的钢线拴在横担的两端，以防横担偏斜。待紧完导线并且固定好后，拆除临时拉线。紧线时耐张段的操作端，直接或通过滑轮来牵引导线，导线收紧后，再用紧线器夹住导线。紧线的方法一般有两种：一种是将导线逐根均匀收紧的单线法；另一种是三根或两根导线同时收紧。（2）测量弧垂导线。弧垂是指一个档距内导线下垂形成的自然弧度，也称为导线的弧度。弧垂是表示导线所受拉力的量，弧垂越小则拉力越大，反之拉力越小。导线紧固后，弧度误差不应超过设计弧度的±5%，同一档距内各条导线的弧度应当一致，水平排列的导线，高低差不应大于 50mm。

测量弧垂时，用两个规格相同的弧垂尺（弧度尺），把横尺定位在规定的弧垂数值上，两个操作者都把弧垂尺钩在靠近绝缘子的同一根导线上，导线下垂最低点与对方横尺定位点应处于同一直线上。弧垂测量应从相邻电杆横担上某一侧的一根导线开始，接着测另一侧对应的导线，然后交叉测量第三根和第四根导线，以保证电杆横担受力均匀，不会因导线紧线而出现扭斜。

2. 导线的固定

导线在绝缘子上通常采用绑扎方法固定。导线固定应牢固、可靠，并且应符合下列规定：（1）导线在蝶式绝缘子上固定时，LJ-50、LGJ-50 及 50mm² 以下导线的绑扎长度应大于等于 150mm，LJ-70 应大于等于 200mm。（2）导线在针式绝缘子上固定时，对于直线杆导线应安装在针式绝缘子或直立式瓷横担的顶槽内。（3）水平式瓷横担的导线应安装在端部的边槽上。（4）对于转角杆，导线应安装在转角外侧针式绝缘子的边槽内。（5）绑扎铝绞线或钢芯铝绞线时，应先在线上包缠两层铝包带，包缠长度应露出绑扎处两端各15mm，绑扎方式应当符合设计要求。

二、照明灯具的安装

照明灯具的安装方式应当按照设计图样的要求而定。当设计无规定时，一般要求如下；（1）照明灯具的各种金属构件均应当进行防腐处理，未进行防腐处理的灯架，必须涂樟丹油一道、刷涂料两道。（2）灯泡容量在 100W 以下时，可以采用胶质灯口；灯泡容量在 100W 及以上和防潮封闭型灯具，应采用瓷质灯口。（3）根据使用情况及灯罩型号不同，灯座可采用卡口或螺口。采用螺口灯时，线路的相线应接螺口灯的中心弹簧片，零线接于螺口部分。采用吊线螺口灯时，应在灯头盒和灯头处分别将相线做出明显标记，以便于区分。（4）当采用瓷质或塑料自在器吊线灯时，一律采用卡口灯。（5）软线吊灯的软线两端须挽好保险扣，吊链灯的软线应编叉在链环内。（6）灯具内部配线应采用不小于 $0.4mm^2$ 的导线。灯具的软线两端在接入灯口前，均应压扁并焊锡，使软线接线端与接线螺钉接触良好。（7）室外灯具引入线路时应做防水弯，以免水流入灯具内；灯具内可能积水的，应设置泄水眼。（8）在危险性较大的场所，灯具的安装高度低于 2.4m，电源电压在 36V 以上的灯具金属外壳，必须做好接地、接零保护。（9）照明灯具的接地或接零保护，必须有灯具专用接地螺钉，并要加垫圈和弹簧垫圈压紧。（10）当吊灯灯具的质量超过 3kg 时应预埋吊钩或螺栓；软线吊灯的质量不得超过 1kg，超过的应加设吊链。固定灯具的螺钉或螺栓不得少于 2 个。（11）当采用梯形木砖固定壁灯时，木砖应进行防腐处理，并随墙体砌筑而砌入，同时禁止用木楔代替木砖。（12）吸顶灯具采用木制底台时，应在底台与灯具之间铺垫石棉板或石棉布；在木制荧光灯架上装设镇流器时，应垫以瓷夹板隔热；木质吊顶内的暗装灯具及发热附件，均应在其周围用石棉板或石棉布做好防火隔热处理。（13）轻钢龙骨吊顶内部装灯具时，原则上不能使轻钢龙骨荷重，凡灯具的质量在 3kg 以下的可以在主龙骨上安装；灯具的质量在 3kg 以上的必须预作铁件固定。（14）所用的各式灯具和附件等产品，其规格、质量均必须符合现行标准的要求。（15）不同安装场所及用途，灯具配线最小截面面积应符合相应规定。采用钢管作为灯具的吊杆时，钢管的内径一般不小于 10mm。（16）每个照明回路的灯和插座总数不宜超过 25 个，且应有 15A 及以下的熔丝保护。（17）固定花灯的吊钩，其圆钢直径不应小于灯具吊挂销钉的直径，且不得小于 6mm。（18）安装在重要场所和行人较大的大型灯具的玻璃罩，应当有防止其碎裂后向下溅落的防护措施。

（一）白炽灯的施工工艺

白炽灯的安装方法常用于吊灯、壁灯、吸顶灯等普通灯具，也可以安装成多种花灯组。

1. 绝缘台的安装

在进行灯具安装时，有的可以直接固定在建筑物结构上，有的则需要安装在绝缘台上。绝缘台按材质可分为木台和塑料台，按形状可分为方形、圆形等多种几何形状。在实际工程中现在应用较多的是圆形塑料绝缘台。

绝缘台的大小形状与灯具应相配，一般情况下绝缘台外圈尺寸，应比灯具的法兰或吊线盒、平灯座的直径大 40mm，其厚度不应小于 20mm。塑料绝缘台应具有良好的抗老化性、足够的强度，受力后无翘曲变形。如果采用木质绝缘台，应完整无翘曲变形，油漆完整；用于室外或潮湿环境的木台，与建筑物接触面上应刷防腐漆。

绝缘台在建筑物表面安装固定方法，根据建筑结构形式和照明敷设方式不同而不同。在安装木质绝缘台之前，应先用电钻钻好穿线孔，塑料绝缘台无须钻孔可直接固定灯具。

绝缘台固定时应采用螺丝或螺栓，不得使用圆钉固定。固定直径 100mm 及以上绝缘台的螺钉不能少于 2 根；直径在 75mm 及以下绝缘台时可以用 1 根螺钉或螺栓固定。绝缘台安装完毕后，应紧贴建筑物表面无缝隙，并且要安装牢固。塑料绝缘台与塑料接线盒、吊线盒配套使用。

如果绝缘台安装在木梁或木结构楼板上，可以用木螺钉直接进行固定。在普通砖砌体上安装灯具绝缘台，也可采用预埋梯形木砖的方法固定，以免影响安装的牢固性和可靠性。

2. 吊线灯的安装

软线吊灯由吊线盒、软线和吊式灯座及绝缘台组成。绝缘台规格大小按吊线盒或灯具法兰选取。吊线盒应固定在绝缘台中心，用不少于两个螺钉固定。软线吊灯的质量限于 1kg 以下，当质量大于 1kg 时应采用吊链式或吊管式固定。

吊灯用的软线长度一般不超过 2m，两端剥露线芯，把线芯拧紧后挂锡。软吊线带升降器的灯具，在吊线展开后，距离地面高度应不小于 0.8m，并套塑料软管，采用安全灯头。软线吊灯一般采用胶质或塑料吊线盒，在潮湿处应采用瓷质吊线盒。除敞开式灯具外，其他各类灯具灯泡容量在 100W 及以上者也应采用瓷质灯头。

软线加工好后就可进行灯具组装，将吊线盒底与绝缘台固定牢固，电线套上保护用塑料管从绝缘台出线孔穿出，再将木台固定好。由于吊线盒接线螺钉不能承受灯具质量，软线在吊线盒内应打保险结，使结扣位于吊线盒和灯座的出线孔处。然后将软线一端与灯座接线柱头连接，另一端与吊线盒的邻近隔脊的两个接线柱相连接，紧固好灯座螺口以及中心触点的固定螺钉，拧好灯座盖，准备到现场安装。

在暗配管路灯位盒上安装软线吊灯时，把灯位盒内导线由绝缘台穿线孔穿入吊线盒内，分别与底座穿线孔附近的接线柱相连接，把相线接在与灯座中心触点相连的接线柱上，零线接在与灯座螺口触点相连的接线柱上。导线接好后，用木螺钉把绝缘台连同灯具固定在灯位盒的缩口盖上。明敷设线路上安装软线吊灯，在灯具组装时除了不需要把吊线盒底与绝缘台固定以外，其他工序与暗配管路灯位盒上安装软线吊灯均相同。

当灯具的质量大于 1kg 时，应采用吊链式或吊管式安装。吊链灯具由上法兰、下法兰、软线和吊式灯座灯罩或灯伞及绝缘台组成。灯具采用吊链式时，电线宜与吊链编在一起，并不使电线受力；采用吊管式时，当采用钢管做灯具吊杆，其钢管内径一般不小于10mm，钢管壁厚度不应小于 1.5mm。当吊灯灯具的质量超过 3kg 时，则应预埋吊钩或螺栓固定，花灯吊钩圆钢直径不应小于灯具挂销直径，且不应小于 6mm，大型花灯的固定及悬吊装置，应按灯具质量的 2 倍进行负荷试验。

3. 壁灯的安装

室内壁灯的安装高度一般不应低于 2.4m，住宅壁灯灯具的安装高度一般不应低于2.2m，床头灯不宜低于 1.5m。壁灯可以安装在墙上或柱子上，当安装在墙上时，一般在砌墙时应预埋木砖，也可以采用膨胀螺栓或预埋金属构件；当安装在柱子上时，一般在柱子上预埋金属构件或抱箍将金属构件固定在柱子上，然后再将壁灯固定在金属构件上。安装壁灯如果需要设置绝缘台时，应根据壁灯底座的外形选择或制作合适的绝缘台。

安装绝缘台时应将灯具的线由绝缘台出线孔引出，在灯位盒内与电源线相连接，将接头处理好后塞入灯位盒内，把绝缘台对正后将其固定，绝缘台应紧贴建筑物的表面，不得出现歪斜。然后将灯具底座用木螺钉直接固定在绝缘台上。

如果灯具底座固定形式是钥匙孔式，则应事先在绝缘台适当位置拧好木螺钉，螺钉头部伸出绝缘台长度要适当，以防灯具松动。当灯具底座是插板式固定，则应将底板先固定在绝缘台上，再将灯具底座与底板插接牢固。

4. 吊式花灯的安装

花灯要根据设计要求和灯具说明书清点各个部件数量后进行组装，花灯内的接线一般采用单路或双路瓷接头连接。花灯均应固定在预埋的吊钩上，制作吊钩圆钢直径不应小于吊挂销钉的直径，且不得小于 6mm。

对于大型花灯的固定点和悬吊装置，应确保吊钩能承受超过 1.25 倍灯具质量并做过载试验，达到安全使用的目的。

将现场内成品灯或半成品灯吊起，将灯具的吊件或吊链与预埋的吊钩连接好，连接好导线并做好绝缘处理，理顺后向上推起灯具上法兰，并将导线接头扣在其内部，使上法兰紧贴顶棚或绝缘台表面，上紧固定螺栓，安装好灯泡、装饰件等。

安装在重要场所的大型灯具，应按设计要求采取防止玻璃罩破碎向下溅落的措施，一般可采用透明尼龙丝保护网，网孔大小根据实际情况确定。

5. 吸顶灯的安装

普通白炽灯吸顶灯是直接安装在室内顶棚上的一种固定式灯具，形状多种多样，灯罩可用乳白色玻璃、喷砂玻璃、彩色玻璃等制成的各种形式的封闭体。较小的吸顶灯一般常用绝缘台组合安装，即先在现场安装绝缘台，再把灯具与绝缘台安装为一体。较大的吸顶灯一般要先进行组装，然后再到现场进行安装。

如果采用嵌入式吸顶灯时，小型嵌入式灯具一般安装在吊顶的顶板上，大型嵌入式灯具安装时，则采用在混凝土梁、板中伸出支撑铁架、铁件的连接方法。

装有白炽灯灯泡的吸顶灯具，灯泡不应紧贴灯罩，当灯泡与绝缘台间距小于 5mm 时，灯泡与绝缘台间应采取隔热措施。

组合式吸顶花灯的安装，应特别注意灯具与屋顶安装面连接的可靠性，连接处必须能够承受相当于 4 倍重的悬挂而不变形。

（二）气体放电灯施工工艺

1. 荧光灯的安装

荧光灯具的附件有镇流器和辉光启动器，不同规格的镇流器与灯管不能混用，相同功率灯管与镇流器配套使用，才能达到理想的效果。

普通荧光灯一般采用吸顶式、吊链式、吊管式、嵌入式等安装方法。采用吸顶式安装时，镇流器不能放在荧光灯的架子上，否则散热比较困难。安装时荧光灯架子与天花板之间要留 15mm 的空隙，以便于进行通风。当采用钢管或吊链安装时，镇流器可放在灯架上。环形荧光吸顶灯一般是成套的，直接拧到平灯座上，可按照白炽灯安装方法进行。

组装式吊链荧光灯包括铁皮灯架、辉光启动器、镇流器、灯管管脚、辉光启动器座等，其安装方法与白炽灯相同。

2. 高压汞灯的安装

高压汞灯具有光效高、寿命长、省电等特点，主要用于街道、广场、车站、工厂车间、工地、运动场等照明用。高压汞灯有两个玻壳，内玻壳是一个石英管，内外管间充有惰性气体，内管中装有少量的汞。管的两端有两个用钍钨丝制成的主电极，电源接通后，引燃电极与附近电极间放电，使管内温度升高，水银逐渐蒸发形成弧光放电，则会发出强光。同时汞蒸气电离后发出紫外线，激发管内壁涂的荧光物质。

引燃电极上串有一个大电阻，当电极间导电后，引燃电极与邻近电极之间就停止放电，电路中镇流器用于限制灯泡电流。自镇流高压汞灯比普通高压汞灯少一个镇流器，代之以自镇流灯丝。

高压汞灯可以在任意位置使用，但在水平点燃时，不仅会严重影响光通量，还容易自灭。高压汞灯线路的电压应尽量保持稳定，当电压降低5%时灯泡可能会自行熄灭。因此，必要时还应考虑设置调压装置。另外，高压汞灯工作时外玻壳的温度很高，必须配备散热好的灯具。

3. 高压钠灯的安装

高压钠灯也是一种气体放电光源，主要由灯丝、启动器、双金属片热继电器、放电管、玻璃外壳等组成。灯丝用钨丝绕成螺旋形，发热时发射电子；放电管是用于耐高温半透明材料制成，里面充有氙气、汞和钠；双金属片热继电器的作用，在未加热前相当于常闭触点，当灯刚接入电源后形成电流通路，热继电器在电流作用下升温，双金属片断开，在断开瞬间感应出一个高电压，与电源电压一起加在放电管的两端，使氙气电离放电，温度继续升高使得汞和钠相继变成蒸气状态，并放电而放射出强光。

高压钠灯的主要特点是光效高、寿命长、紫外线辐射少。光线透过雾和蒸汽的能力强，但光源显色指数低。主要适用于道路、码头、广场等大面积的照明。

4. 碘钨灯的安装

碘钨灯是一种由电流加热灯丝至白炽状态而发光的，其工作温度越高则光效也越高。

碘钨灯的安装非常简单，不需要任何附件，只要将电源线直接接到碘钨灯的瓷座上即可。碘钨灯抗震性能较差，不宜用作移动式光源，也不宜在振动较大的场合使用。在安装时必须保持水平位置，一般倾角不得大于4°，否则会严重影响灯管的寿命。

碘钨灯正常工作时，管壁的温度约为600℃，所以安装时不能与易燃物接近，并且一定要加设灯罩。在使用前应用酒精擦去灯管外壁的油污，否则会在高温下形成污点而降低亮度。当碘钨灯的功率在1000W以上时，则应使用胶盖瓷底刀开关进行控制。

（三）其他照明灯具的安装

1. 霓虹灯的安装

霓虹灯是一种艺术性和装饰性都很强的灯光，既可以在夜空中显示多种字形，也可以显示各种图案和彩色画面，广泛用于建筑物装饰、广告和宣传。霓虹灯安装分为霓虹灯管安装和变压器安装两部分。

（1）霓虹灯安装注意事项

①容量规定。通常单位建筑物霓虹灯的总容量小于4kW时，可以采用单相供电；总容量超过4kW时，则应采用三相供电，并保持三相电压平衡。霓虹灯和照明用电共享一个回路时，如果两者的总容量达到4kW时要分支，同时霓虹灯应单设开关控制。霓虹灯

电路总容量每 1kW 应设一分支回路。②变压器规定。变压器选用要根据设计要求而定，安装位置应安全可靠，以免触电。③控制器规定。霓虹灯控制器严禁受潮，并尽量安装在室内，高压控制器应有隔离和其他防护措施。④安装位置规定。霓虹灯应安装在明显且在日常生活中不易被人触碰到的地方；如果安装在建筑物高处或人行道的上方，需要有可靠的防风、防玻璃管破碎伤人的防护措施；安装时还要考虑到维修和更换等因素。

（2）霓虹灯的安装工艺

霓虹灯灯管的安装。在安装霓虹灯灯管时，一般用角铁做成框架，框架要美观牢固，室外安装时还要经得起风吹雨淋。灯管要用玻璃、瓷制或塑料制的绝缘件固定，固定后的灯管与建筑物、构筑物表面的最小距离不得小于 20mm。有的支持件可以将灯管支架卡入，有些使用直径 0.5mm 的裸细铜丝扎紧。安装灯管时不可用力过猛，以避免出现破碎，最后用螺钉将灯管支持件固定在木板或塑料板上。室内或橱窗里的小型霓虹灯灯管安装时，在框架上拉紧已经套上透明玻璃管的镀锌斜丝，组成间距为 200～300mm 的网孔，然后用直径 0.5mm 的裸细铜丝或弦线把霓虹灯灯管绑紧在玻璃管网格上即可。

霓虹灯变压器安装。霓虹灯变压器是一种漏磁很大的单相干式变压器，为了不影响其他设备正常工作，必须放在金属箱子内，箱子两侧应开百叶窗孔通风散热。霓虹灯变压器应安装在角钢支架上，框架角钢的规格应当在 35mm×35mm×4mm 以上。安装的位置应隐蔽且方便检修，一般宜架设在牌匾、广告牌等的后面或旁侧的墙面上，尽量紧靠灯管安装，以减短高压接线的长度。但应特别注意不要安装在易燃品的周围，也不宜安装在容易被非检修人员接触到的地方。支架采用埋入固定时，埋入深度不得少于 120mm；若采用胀管螺栓固定，螺栓规格不得小于 M10mm。安装在室外的明装变压器，高度不宜小于 3m，小于 3m 时应采取保护措施。霓虹灯变压器距离阳台、架空线路等的距离不宜小于 1m。变压器要用螺栓牢固紧固在支架上，或用扁钢抱箍进行固定。霓虹灯变压器的铁芯、金属外壳、输出端以及保护箱等均应可靠接地或接零。

霓虹灯的连接方法。霓虹灯管和变压器安装好后，便可进行高压线的连接。霓虹灯专用变压器二次绕组和灯管间的连接线，应采用额定电压不低于 15kV 的高压尼龙绝缘线。霓虹灯专用变压器二次绕组与建筑物、构筑物表面的距离不应小于 20mm。高压导线支持点之间的距离，水平敷设时为 0.50m，垂直敷设时为 0.75m。高压导线在穿越建筑物时，应穿双层玻璃管加强绝缘，玻璃管两端须露出建筑物两侧，长度为 50～80mm。

对于容量不超过 4kW 的霓虹灯可采用单相供电；超过 4kW 的霓虹灯应当采用三相供电，各相功率应分配均匀。

霓虹灯控制箱内一般装设有电源开关、定时开关和控制接触器。控制箱一般装设在邻近霓虹灯的房间内。为防止检修霓虹灯时触及高压，在霓虹灯与控制箱之间应加装电源控制开关和熔断器。在检修霓虹灯管时，先断开控制箱开关，再断开现场控制开关，以防止造成误合闸使霓虹灯管带电。

霓虹灯在通电后，灯管会产生高频噪声电波，干扰霓虹灯周围的电气设备，为了避免这种情况，应在低压回路加装电容器滤除干扰。

2. 节日彩灯的安装

（1）节日彩灯安装要点

①垂直彩灯悬挂挑臂采用的槽钢不应小于 10 号，端部吊挂钢索用的开口吊钩螺栓的直径不小于 10mm，槽钢上的螺栓固定应两侧有螺母，且防松装置齐全、螺栓紧固。②悬挂钢丝绳的直径不得小于 4.5mm，圆钢的直径不小于 16mm，地锚采用架空外线用的拉线盘，埋设深度应大于 1.5m。③建筑物顶部的彩灯应采用有防雨性能的专用灯具，灯罩应确实拧紧上牢；垂直彩灯采用防水吊线灯头，下端灯头距地面高度应大于 3m。④彩灯的配线管道应按明配管要求进行敷设，且应具有防雨功能。管路与管路间、管路与灯头盒间采用螺纹连接，金属导电及彩灯构架、钢索等均应接地可靠。

（2）节日彩灯安装工艺

固定安装的彩灯装置，宜采用定型彩灯灯具，灯具底座有溢水孔，雨水可以自然排出。灯的安装间距一般为 600mm，每个灯泡的功率不宜超过 15W，节日彩灯每一单相回路不宜超过 100 个。

在安装彩灯时，应采用钢管敷设，严禁使用非金属管作为敷设支架。连接彩灯的管路安装时，首先按照尺寸要求将厚壁镀锌钢管切割成段，端头按要求套丝并缠上油麻，将电线管拧紧在彩灯灯具底座的丝孔上，将彩灯管路一段段连好后，按照画出的安装位置就位，用镀锌金属管卡及膨胀螺栓将其固定，固定位置是距灯位边缘 100mm 处，每段钢管设一卡固定即可。管路之间（灯具两旁）应用不小于 6mm 的镀锌圆钢进行跨接连接。

在彩灯的安装部位，当土建施工完毕后顺线路敷设方向拉直线进行彩灯定位。根据灯具的位置及间距要求，沿线路打孔预埋塑料胀管，然后把组装好的灯具底座和连接钢管一起放到安装位置，用膨胀螺栓将灯座固定。

彩灯穿管导线应使用橡胶铜芯导线。彩灯装置的钢管应与避雷带进行连接，并应在建筑物上部将彩灯线路线芯与接地管路之间接上避雷器或放电间隙，借以控制放电部位，减少线路的损失。

3. 景观照明的安装

景观照明通常采用泛光灯，可采用在建筑物自身或在相邻建筑物上设置灯具，或者是两者相结合布置，也可以将灯具设置在地面的绿化带中。

在安装景观照明时，应使整个建筑物、构筑物受照面的上半部平均亮度为下半部的2～4倍，并且尽量不要从顶层向下投光照明。

4. 航空障碍标志灯安装

（1）航空障碍标志灯安装要点

①航空障碍标志灯的水平距离和垂直距离均不宜大于45m。②航空障碍标志灯应装设在建筑物、构筑物的最高部位。当制高点平面面积较大或者是建筑群时，还应在其外侧转角处的顶端分别装设。③在烟囱顶上设置航空障碍标志灯时，宜将其装设在低于烟囱口1.5～3.0m的部位并呈三角形水平排列。④航空障碍标志灯宜采用自动通断其电源的控制装置，并有更换光源的措施。⑤在距离地面60m以上装设航空障碍标志灯时，应采用恒定光强的红色低光强障碍灯，其有效光强应大于1600cd。距地面150m以上应为白色的高光强障碍标志灯，其有效光强随背景亮度而定。⑥航空障碍标志灯电源应按主体建筑中最高负荷等级要求供电。

（2）航空障碍标志灯安装工艺

航空障碍标志灯开闭一般可使用露天安放的光电自动控制器进行控制，它以室外自然环境照度为参考量，来控制光电组件的动作，用以开、闭航空障碍标志灯，也可以通过建筑物的管理电脑，通过时间程序来控制其开闭。为了有可靠的供电电源，两路电源的切换最好在航空障碍标志灯控制监测处进行。

5. 应急灯的安装

应急灯是应急照明用的灯具的总称。应急灯的种类很多，常见的有手提应急灯、消防应急灯、节能应急灯、供应应急灯、水下应急灯、可充电应急灯、太阳能应急灯、多功能应急灯等。应急照明是现代大型建筑物中保障人身安全、减少财产损失的安全设施。应急照明包括备用照明、疏散照明和安全照明。为了便于确认，公共场所的应急照明灯和疏散标志灯应有明显的标志。

备用照明除安全理由外，是在正常照明出现故障时，为了保障工作和活动的继续进行而设置的应急照明。备用照明通常全部或部分利用正常照明灯具，只是启用备用电源。

疏散照明要求沿着走道提供足够的照度，能看清所有的障碍物，清晰无误地指明疏散路线，迅速找到应急出口，并应容易地找到沿疏散线路设置的消防报警按钮、消防设备和配电箱。

疏散照明应设在安全出口的顶部、疏散走道及转角处距地面1m以下的墙面上，当交叉口处墙面下侧安装难以明确表示疏散方向时，也可以将疏散标志灯安装在顶部。疏散走道上的标志灯应有指示疏散方向的箭头标志，疏散走道上标志灯的间距，一般建筑工程不宜大于20m，人防工程不宜大于10m。

楼梯间内疏散标志灯宜安装在休息平台上方的墙角处，并应用箭头及数字清楚地标注上、下层的楼层号。

安全照明是在正常照明出现故障时，为操作人员或其他人员脱离危险而设置的应急照明，这种场合一般也需要设置疏散照明。安全出口标志灯宜安装在疏散门口的上方，在首层的疏散楼梯应安装在楼梯口里侧上方。安全出口标志灯具的安装高度应不低于2m。

疏散走道上的安全出口标志灯可以明装，而在厅室内宜采取暗装。安全出口标志灯应有图形和文字符号。在有无障碍设计要求时应同时设有音响指示信号。

可调光型安全出口指示灯，一般宜用于影剧院的观众厅。正常情况下使用时可降低其亮度，当出现火灾事故时应能自动接通至全亮状态。

国内使用的应急照明系统以自带电源独立控制型为主，正常电源接自普通照明供电回路中，平时对应急灯蓄电池充电，当正常电源切断时备用电源（蓄电池）自动供电。这种形式的应急灯每个灯具内部都有变压、稳压、充电、逆变、蓄电池等大量的电子元器件，应急灯在使用、检修、故障时电池均须充放电。

三、配电设备的安装

配电设备是在电力系统中对高压配电柜、发电机、变压器、电力线路、断路器、低压开关柜、配电箱（盘）、开关箱、控制箱等设备的统称，其中建筑工程中最常用的是配电箱（盘），配电箱（盘）的安装应符合下列要求：

1. 配电箱（盘）应安装在安全、干燥、容易操作的场所。在进行配电箱（盘）安装时，其底口距地面高度一般为1.5m，明装时底口距地面为1.2m；明装电度表板底口距地面不得小于1.8m，在同一建筑物内，同类盘的高度应一致，允许偏差为10mm。

2. 安装配电箱（盘）所需的木砖及铁件等均应当预埋。挂式配电箱（盘）应采用金属膨胀螺栓进行固定。

3. 铁制配电箱（盘）均应先刷一遍防锈漆，然后再刷两遍灰油漆。预埋的各种铁件均应刷防锈漆，并做好明显可靠的接地。导线引出面板时，面板线孔应光滑无毛刺，金属面板应装设绝缘保护套。

4. 配电箱（盘）带有器具的铁制盘面和装有器具的门及电器的金属外壳均应有明显可靠的PE保护地线（PE线为黄绿相间的双色线，也可采用编织软裸铜线），但PE保护地线不允许利用箱体或盒体串接。

5. 配电箱（盘）配线应排列整齐，并绑扎成束，在活动部位应加以固定。盘面引出及引进的导线应留有适当余度，以便于进行检修。

6. 导线剥削处不应伤线芯或线芯过长，导线压头应牢固可靠，多股导线不应盘圈压接，应加装压线端子（有压线孔者除外）。如必须穿孔用顶丝压接时，多股线应刷锡后再压接，不得减少导线的股数。

7. 配电箱（盘）的盘面上安装的各种刀闸和自动开关等，当处于断路状态时，刀片可动部分均不应带电（特殊情况除外）。

8. 垂直装设的刀闸及熔断器等电器上端接电源，下端接负荷。横装者左侧（面对盘面）接电源，右侧接负荷。

9. 配电箱（盘）上的电源指示灯，其电源应接至总开关的外侧，并应装单独熔断器（电源侧）。盘面闸具位置应与支路相对应，其下面应装设卡片框，标明路别及容量。

10. TN-S 低压配电系统中的中性线 N 应在箱体或盘面上，引入接地干线处做好重复接地；照明电箱（板）内的交流、直流或不同电压等级占电源，应具有明显的标志；照明配电箱（板）不应采用可燃材料制作，在干燥无尘场所采用的木制配电箱（板）应进行阻燃处理；照明配电箱（板）内，应分别设置中性线 N 和保护地线（PE 线）汇流排，中性线 N 和保护地线应在汇流排上连接，不得采用绞接，并应有编号；磁插式熔断器底座中心明露丝孔应填充绝缘物，以防止对地放电；磁插保险不得裸露金属螺丝，应填满火漆；照明配电箱（板）内装设的螺旋熔断器，其电源线应接在中间触点的端子，负荷线应接在螺纹的端子上。

11. 照明配电箱（板）应安装牢固、平正，其垂直偏差不应大于 3mm；在进行安装时，照明配电箱（板）四周应无空隙，其面板四周边缘应紧贴墙面，箱体与建筑物、构筑物的接触部分应涂防腐漆。

12. 固定面板的机螺丝，应采用镀锌圆帽孔螺丝，其间距不得大于 250mm，并应均匀地对称于四角。

13. 配电箱（盘）的面板较大时应有加强衬铁，当宽度超过 500mm 时，配电箱门应做成双开门。

14. 立式盘背面距建筑物应不小于 800mm；基础型钢安装前应调直后再埋设固定，其水平误差每米应不大于 1 mm，全长的总误差不大于 5mm；盘面底口距地面不应小于 500mm；铁架明装配电盘距离建筑物应做到便于维修。

15. 立式盘应设在专用房间内或加装栅栏，铁栅栏应做接地。立式盘安装的弹线定位应注意如下事项：根据设计要求找出配电箱（盘）的位置，并按照配电箱（盘）的外形尺寸进行弹线定位。弹线定位的目的是对有预埋木砖或铁件的情况，可以更准确地找出预埋件，或者可以找出金属胀管螺栓的位置。

16. 明装配电箱（盘）。当采用明装配电箱（盘）时，一般可采用以下方式进行：

①铁架固定配电箱（盘）。将角钢调直，量好尺寸，画好锯口线，锯断煨弯，钻孔位，焊接。进行煨弯时用方尺找正，再用电（气）焊，将对口缝焊牢，并将埋入端做成燕尾，然后再涂刷除锈漆。再按照标高用水泥砂浆将铁架燕尾端埋注牢固，埋入时要注意铁架的平直程度和孔间距离，应用线坠和水平尺测量准确后再稳注铁架。待水泥砂浆凝固后方可进行配电箱（盘）的安装。

②用金属膨胀螺栓固定配电箱（盘），采用金属膨胀螺栓可在混凝土墙或砖墙上固定配电箱（盘）。

17. 配电箱（盘）的加工。配电箱（盘）的盘面可采用厚塑料板、包铁皮的木板或钢板。以采用钢板做盘面为例，将钢板按尺寸用方尺量好，画出切割线后进行切割，切割后用扁锉将棱角锉平。

18. 配电箱（盘）的盘面组装配线。

①实物排列。将配电箱的盘面板放平，再将全部电具、仪表置于板上，进行实物排列；对照设计图及电具、仪表的规格和数量，选择最佳位置使之符合间距的要求，并保证操作维修方便及外形美观。

②加工。电具和仪表位置确定后，用方尺进行找正，画出水平线，分均孔距；然后撤去电具和仪表，进行钻孔（孔径应与绝缘嘴吻合）；钻孔后除锈，刷防锈漆及灰油漆。

③固定电具。涂刷的油漆干燥后装上绝缘嘴，并将全部电具、仪表摆平、找正，用螺丝固定牢固。

④进行电盘配线。根据电具、仪表的规格、容量和位置，选好导线的截面和长度，加以剪断进行组配。盘后导线应排列整齐、绑扎成束。压头时，将导线留出适当余量，削出线芯，逐个压牢。对于多股线须用压线端子。如为立式盘，开孔后应首先固定盘面板，然后再进行配线。

19. 配电箱（盘）的固定。在混凝土墙或砖墙上固定明装配电箱（盘）时，可采用暗配管及暗分线盒和明配管两种方式。如有分线盒，先将盒内杂物清理干净，然后将导线理顺，分清支路和相序，按照支路绑扎成束。待配电箱（盘）找准位置后，将导线端头引至箱内或盘上，逐个剥削导线端头，再逐个压接在器具上，同时将 PE 保护地线压在明显的地方，并将配电箱（盘）调整平直后进行固定。在电具、仪表较多的盘面板安装完毕后，应先用仪表校对有无差错，调整无误后试送电，将卡片框内的卡片填写好部位并编号。

在木结构或轻钢龙骨护板墙上进行固定配电箱（盘）时，应采用加固措施。如配管在护板墙内暗敷设，并设有暗接线盒时，要求盒口与墙面平齐，在木制护板墙处做防火处理，可涂防火漆或加防火衬里进行防护。除以上要求外，有关固定方法同以上所述。

20. 暗装配电箱（盘）的固定。根据预留孔洞尺寸先将箱体找好标高及水平尺寸，并将箱体固定好，然后用水泥砂浆填实周边并抹平齐，待水泥砂浆凝固后再安装盘面和贴脸。如箱底与外墙平齐，应在外墙固定金属网后再进行墙面抹灰，不得在箱底上抹灰。安装盘面要平整，周边间隙应均匀对称，贴脸平正、不歪斜，螺丝应垂直受力均匀。

21. 进行绝缘摇测。配电箱（盘）全部电器安装完毕后，用 500V 兆欧表对线路进行绝缘摇测。摇测项目包括相线与相线之间、相线与中性线之间、相线与保护地线之间、中性线与保护地线之间。两个人进行摇测，同时做好记录，作为技术资料存档。

第五章 建筑保温隔热节能材料

第一节 岩棉

一、概述

岩棉是无机纤维保温隔热材料，属于矿物棉的一种。岩棉是以天然岩石，如优质玄武岩、安山岩、白云石、铁矿石等为主要原材，经高温熔化、纤维化制成的硅酸盐非连续的絮状纤维材料，其质地松软，经加工可制成板、管、毡、带等各种制品。

目前美国和日本等国因炼铁工业发达，矿渣排放量大，以生产矿渣棉产品为主；北欧各国矿石蕴藏丰富，所以大量生产岩棉制品。工业发达国家玻璃棉制品在建筑上的用量占玻璃棉产量的80%以上。硅酸铝纤维制品是20世纪60年代发展起来的一种轻质耐火材料，该类材料在建筑、机械、冶金以及原子能等尖端科学技术领域应用广泛。

二、岩棉制品特点

岩棉制品具有如下特点：

1. 使用温度高

岩棉最高使用温度为820℃～870℃，是其允许长期使用的最高温度，长期使用不会发生任何变化。

2. 优良的绝热性

岩棉纤维细长柔软，纤维长达200mm，纤维直径4～7μm，绝热绝冷性能优良。

3. 不可燃烧性

岩棉是矿物纤维，具有不燃、不蛀、耐腐蚀等特点，是比较理想的防火材料。岩棉制品的燃烧性能取决于其中可燃性黏结剂的多少，岩棉本身是无机质硅酸盐纤维不可燃，但在加工成制品的过程中，有时要加入有机黏结剂或添加物等，这些对制品的燃烧性有一定的影响。

4. 良好的耐低温性

在相对较低温度下使用，岩棉、矿渣棉各项指标稳定，技术性能不会改变。

三、分类与标记

1. 分类

岩棉、矿渣棉及其制品按形式分为：岩棉、矿渣棉；岩棉板、矿渣棉板；岩棉带、矿渣棉带；岩棉毡、矿渣棉毡；岩棉缝毡、矿渣棉缝毡；岩棉贴面毡、矿渣棉贴面毡和岩棉管壳、矿渣棉管壳（以下简略称棉、板、带、毡、缝毡、贴面毡和管壳）。

2. 标记

岩棉、矿渣棉及其制品标记由三部分组成：产品名称、产品技术特征（密度、尺寸）、标准号，商业代号也可列于其后。

四、实验方法

1. 外观及管壳偏心度试验方法

（1）外观质量的检验

在光照明亮的条件下，距试样 1 m 处对其逐个进行目测检查，记录观察到的缺陷。

（2）管壳偏心度试验方法

用分度值为 1mm 的金属直尺在管壳的端面测量管壳的厚度，每个端面测 4 点，位置均布，各端面的管壳偏心度按下式计算。

$$C = \frac{h_1 - h_2}{h_0} \times 100$$

式中：C——管壳的偏心度（%）；

h_1——管壳的最大厚度（mm）；

h_2——管壳的最小厚度（mm）；

h_0——管壳的标称厚度（mm）。

整管的管壳偏心度取两个端面管壳偏心度的平均值，结果取至整数。

2. 有机物含量试验方法

（1）原理

在规定的条件下，干燥试样在标准温度下灼烧，测出试样质量的变化，失重占原质量的百分数，即为有机物含量。

（2）设备

①天平：分度值不大于0.001 g。

②鼓风干燥箱：50℃～250℃。

③马弗炉：使用温度900℃以上，精度±20℃。

④干燥器：内盛合适的干燥剂。

⑤蒸发皿或坩埚。

（3）试样

试样由取样器在样本上随机钻取10 g以上。

3. 热荷重收缩温度试验方法

（1）原理

在固定的载荷作用下，以一定的升温速率加热试样，达到规定的厚度收缩率，通过计算，用内铺法求出热荷重收缩温度。

（2）设备

热荷重试验装置由加热炉、加热容器和热电偶等组成。

（3）试样

①岩棉、矿渣棉取密度为150 kg/m³的试样，玻璃棉取密度为64 kg/m³的试样。

②岩棉、矿渣棉和玻璃棉制品取实际密度的试样。

③岩棉管壳、矿渣棉管壳和玻璃棉管壳可取和管壳相同密度的板材做试样。

④有贴面的制品，应去除贴面材料。

⑤试样为直径47～50 mm、厚度50～80 mm的圆柱体。

（4）试验程序

①将试样放入加热容器，其上加荷重板和荷重棒，使试样上达到490 Pa的压力。

②检查热电偶热端的位置，使其在垂直方向位于加热容器中心部位，在水平方向距加热容器外表面20 mm处。记下炉内温度和试样厚度的初始值。

③开始加热时，升温速率为5℃/min，每隔10 min测量一次炉内温度和荷重棒顶端的高度，当温度升到比预定的热荷重收缩温度低约200℃时，升温速率为3℃/min，每隔3 min测量一次，直至试样厚度收缩率超过10%。停止升温，记录有无冒烟、颜色变化以及气味等现象。

④试验报告。试验报告应包括下列内容：说明按本方法进行试验；试样的名称或标记；试验时升温速率；热荷重收缩温度；说明在试验过程中可见的变化，如冒烟、试样颜

色以及气味等。

4. 缝毡缝合质量试验

①缝毡缝合质量包括边线（与边缘最靠近的缝线）与边缘（与缝线平行的两边）距离、缝线行距（相邻缝线的间距）、开线长度（端部全部缝线中缝线没有缝合的最大长度）和针脚间距，其测量分度值为 1 mm 的金属尺。

②边线边缘距离，在被测毡上离两端部 100 mm 以上取 4 个测量位置，两边各 2 个，每个位置测量 1 次，以 4 次测量的算术平均值表示。

③缝线行距，在毡的两端及中间各测 1 次，以 3 次测量的算术平均值表示。

④针脚间距，以 3 次测量的算术平均值表示。

⑤开线长度，以毡的端部缝线脱开的最大长度表示。

5. 对金属的腐蚀性测定

（1）方法提要

矿渣棉制品中的纤维及其黏结剂在有水或水蒸气存在时会对金属产生潜在的腐蚀作用。本实验方法用于测定在高湿度条件下，矿渣棉制品对特定金属的相对腐蚀潜力。

在矿渣棉制品中夹入钢、铜和铝等金属试板，在消毒棉之间亦夹入相同的金属试板，将两者同时置于一定温度的试验箱内，保持一定试验周期。以消毒棉内夹入的金属试板为对照样本，比较夹入矿渣棉制品中金属试板的腐蚀程度，并通过 90% 的置信度的秩和检验法确定验收判据，从而可使矿渣棉对金属的腐蚀性做出定性判别。

（2）材料及仪器

试板：所有金属试板的尺寸都为 100mm×25 mm，每种金属试板各 10 块。

铜板：厚为（0.8±0.13）mm，型号为《铜及铜合金带材》中的紫铜带。

铝板：厚为（0.6±0.13）mm，型号为《一般工业用铝及铝合金板、带材》中的 3003 型铝板材。

钢板：厚为（0.5±0.13）mm，型号为《低碳钢冷轧钢带》中的低硬度、经热处理的低碳冷轧钢带。

试验箱：温度为（49±2）℃，相对湿度为（95±3）%。

（3）试件

每个试件的尺寸为 114 mm×38 mm。通常，板状材料厚度为（12.7±1.6）mm，毡状材料厚度为（25.4±1.6）mm，对每种金属试板，矿物棉材料及洗后的消毒棉对照样应分别制成上述尺寸的试件 10 个。

五、标志、包装、运输与贮存

1. 标志

在标志、标签上应标明如下内容：产品标记及商标；净重或数量；生产日期或批号；制造厂商的名称、详细地址；注明"怕雨"等标志；注明指导安全使用的警语。

2. 包装

包装材料应具有防潮性能，每一包装应放入同一规格的产品，特殊包装由供需双方商定。

3. 运输

应采用干燥防雨的工具运输，运输时应轻拿轻放。

4. 贮存

应在干燥通风的库房里贮存，并按品种分别在室内垫高堆放，避免重压。

第二节　酚醛保温板

酚醛保温板是以酚醛泡沫塑料［简称酚醛泡沫（PE）］为材料制成的板材。建筑保温隔热工程通常采用酚醛保温板和聚合物水泥砂浆复合酚醛保温板两种板材。

一、分类及适用标准

1. 酚醛保温板

酚醛保温板简称酚醛板（phenolic insulation board，称：PIB），是由酚醛树脂、发泡剂、固化剂和其他助剂共同反应所得到的热固性硬质酚醛泡沫塑料。

2. 聚合物水泥砂浆复合酚醛保温板

聚合物水泥砂浆复合酚醛保温板简称复合酚醛板，由酚醛板单面与聚合物水泥抗裂砂浆面层（中间夹有网格布）复合而成。

3. 适用标准

建筑用酚醛保温板的国家标准正在制定中，目前可供参考的有一些地方标准，如北京市地方标准《外墙外保温施工技术规程（复合酚醛保温板聚合物水泥砂浆做法）》，福建省制定的《酚醛保温板外墙保温工程应用技术规程》等，对于材料质量的检测亦可参照国家标准《绝热用硬质酚醛泡沫制品》。

二、材料特性

1. 具有均匀的闭孔结构，导热系数低，绝热性能好，与聚氨酯泡沫塑料相当，优于聚苯乙烯泡沫塑料。

2. 在火焰直接作用下具有结碳、无滴落物、无卷曲、无熔化现象，火焰燃烧后表面形成一层"石墨泡沫"层，能有效地保护层内的泡沫结构，抗火焰穿透时间可达 1 h。

3. 适用的温度范围大，短期内可在−200℃～200℃下使用，可在 140℃～160℃下长期使用，优于聚苯乙烯泡沫（80℃）和聚氨酯泡沫（110℃）。

4. 酚醛分子中只含有碳、氢、氧原子，受高温分解时，除了产生少量 CO 分子外，不会再产生其他有毒气体，最大烟密度为 5%。例如：25 mm 厚的酚醛泡沫板在经 1500℃的火焰喷射 10 min 后，板材未起火或被烧穿，仅表面略有碳化，没有释放出浓烟或毒气。

5. 具有良好的闭孔结构，吸水率低，防蒸汽渗透力强，在作为隔热（保冷）的目的使用时不会出现结露现象。

6. 耐腐蚀、耐老化，除可能被强碱腐蚀外，几乎可承受所有酸、有机溶剂的侵蚀。长期暴露在阳光下也无明显老化。

7. 尺寸稳定，变化率小，在使用温度范围内尺寸变化率小于 4%。

8. 成本低，相当于聚氨酯泡沫的 2/3。

第三节　聚氨酯泡沫塑料

聚氨酯泡沫塑料是以聚合物多元醇和异氰酸酯为主要基料，在一定比例的催化剂、稳定剂、发泡剂等助剂的作用下，经混合后发泡反应制成的各类软质、硬质、半软半硬的聚氨酯泡沫塑料。

通用软质聚醚型聚氨酯泡沫塑料、软质阻燃聚氨酯泡沫塑料主要用于座椅、床垫、缓冲物等的制造，其主要指标为回弹率、燃烧性能等，故不用于建筑的保温隔热领域。绝热用喷涂硬质聚氨酯泡沫塑料、喷涂聚氨酯硬泡体保温材料主要考察其导热系数、密度等指标，可广泛应用于建筑物保温隔热领域。

一、喷涂硬质聚氨酯泡沫塑料

喷涂硬质聚氨酯泡沫塑料是由多异氰酸酯和多元醇液体原料及添加剂经化学反应通过

喷涂工艺现场成型的闭孔型泡沫塑料。

喷涂硬质聚氨酯泡沫塑料具有导热系数小、强度高、质轻、隔音、防震、绝缘、化学稳定性强、施工方便的特点；此外，其气孔为低导热系数的发泡剂气体，因而具有一定的自熄性。

1. 分类及用途

喷涂硬质聚氨酯泡沫塑料根据使用情况分为非承载面层和承载面层两类。

Ⅰ类：暴露或不暴露于大气中的无荷载隔热面，例如墙体隔热、屋顶内面隔热及其他仅需要类似自体支撑的用途。

Ⅱ类：仅须承受人员行走的主要暴露于大气的负载隔热面，例如屋面隔热或其他类似可能遭受温升和需要耐压缩蠕变的用途。

2. 性能要求

（1）燃烧性能

无论有否涂层或盖面层都应符合使用场所的防火等级要求。

（2）特殊要求

特殊应用的要求由供需双方协商确定。

3. 试验方法

（1）状态调节

样品在切割或物理性能试验前应在（23±3）℃下至少固化72 h，其他固化条件可由有关各方协商。

（2）试样制备

①样品应在施工现场制备，按照供应者关于材料用法的建议，与现场所处的气候、方向、支持表面等实际条件一致；或者直接在现场挖取。仲裁时，现场挖取样品。

②样品应是具有代表性的就地制作的成品材料，其数量和尺寸应足够用来进行规定的试验。一般面积约1.5 m² 厚度不小于30 mm的样品即可制备一组试样；试样尺寸按相应试验要求决定。

③需要芯样时，其方法应是既除去外表皮又除去在基底界面上的表皮。一般来说，整齐地切除3～5 mm即足够。芯样可能含有一层或多层在连续喷涂界面上的内表皮。

（3）压缩强度或10%形变时的压缩应力

压缩强度试验按《硬质泡沫塑料压缩性能的测定》进行。试样应取试验样品的芯样，测定极限屈服或10%形变时的压缩应力，哪一种情况先出现，就以哪一种情况为准。施加负荷的方向应是平行于板厚度（泡沫起发）的方向。

（4）导热系数

导热系数试验按《绝热材料稳态热阻及有关特性的测定防护热板法》进行，也可按《绝热材料稳态热阻及有关特性的测定热流计法》进行，仲裁时采用《绝热材料稳态热阻及有关特性的测定防护热板法》。测定平均温度为 10℃和 23℃下的导热系数，建议温差不大于 25℃，试样厚度应达到 25 mm。若有导热系数和平均温度关系的文献资料，一个温度的导热系数值可以从另一个平均温度导热系数值算出。有争议时，应在报道值所属的平均温度下检测导热系数。

①初始导热系数

初始导热系数应用经过 72 h 固化的试验样品，在试验样品制备后最迟不超过 28 d 进行试验。

②老化后的导热系数。

经有关各方商定，老化试验样品可在制备之后的 3～6 个月内进行导热系数试验。

（5）尺寸稳定性

尺寸稳定性试验按《硬质泡沫塑料尺寸稳定性试验方法》进行。在暴露于下述三组条件 48 h 后测量。

（6）底基黏合（黏结强度）

用适宜的黏合剂将带钩子的直径约 50mm 的金属圆板黏合于干燥且清洁的受试泡沫表面。沿着金属圆板边缘，垂直于底基做环切，切透泡沫整个厚度。待黏合剂完全固化后，借助于钩子垂直底基逐渐施加拉力（可用手来做），直至发生破坏。记下破坏的方式。如果该破坏是由泡沫体内破坏引起，而不是从底基脱层，黏合层破坏或试验装置与黏合剂黏合缝的破坏引起，则应认为该泡沫体的黏合性是符合要求的。

（7）闭孔率

闭孔率试验按《硬质泡沫塑料开孔和闭孔体积百分率的测定》进行。

（8）水蒸气透湿系数

水蒸气透湿系数试验按《硬质泡沫塑料水蒸气透过性能的测定》进行。使用（25±3）mm厚度的芯样在 23℃和 50%相对湿度梯度或者 38℃和 0～88.5%相对湿度梯度下测定。

（9）压缩蠕变

压缩蠕变试验按《硬质泡沫塑料压缩蠕变试验方法》进行。使用（50±1）mm^2 的，具有现场喷涂材料原有厚度的试样，若材料厚度大于 50 mm，则应切薄到 50 mm。在标准环境状态下使试样受 20 kPa 压力 48 h 后，测定厚度。然后将试验装置连同试样放入烘箱，在 80 ℃和相同压力下保持 48 h，再测定厚度。由两次测得厚度之差计算相对 23℃下厚度变化百分率。

二、喷涂聚氨酯硬泡体保温材料

喷涂聚氨酯硬泡体保温材料是以异氰酸酯、多元醇（组合聚醚或聚酯）为主要原料加入添加剂组成的双组分，经现场喷涂施工的具有防水和绝热功能的硬质泡沫材料。

喷涂聚氨酯硬泡体保温材料具有导热系数低的特点，仅为 0.018～0.024 W/（m·K），相当于 EPS 的一半，是目前保温材料中导热系数较低的。此外，其加工性能好，化学稳定性好，防水防潮性优良并耐老化。

1. 分类及用途

（1）类别

产品按使用部位不同分为两种类型。

①用于墙体的为 Ⅰ 型。

②用于屋面的为 Ⅱ 型，其中用于非上人屋面的为 Ⅱ-A，上人屋面的为 Ⅱ-B。

（2）产品标记

产品按下列顺序标记：名称、类别、标准号。

2. 试验方法

试验室标准试验条件为：温度（23±2)℃，相对湿度45%～55%；试验前所用器具应在标准试验条件下放置 24 h。试样制备如下：

第一，在喷涂施工现场，用相同的施工工艺条件单独制作一个泡沫体。

第二，泡沫体的尺寸应满足所有试验样品的要求。

第三，泡沫体应在标准试验条件下放置 72 h。

第四，黏结强度的试件按《建筑防水涂料试验方法》规定的方法制备，制成 8 字砂浆块，在 2 个砂浆块的端面之间留出 20 mm 的间隙，在施工现场用 SPF 将空隙喷满，在标准试验条件下放置 72h，然后将喷涂高出的表面层削平。

（1）密度

密度试验按《泡沫塑料及橡胶表观密度的测定》规定进行。

（2）导热系数

导热系数试件切取后即按《绝热材料稳态热阻及有关特性的测定防护热板法》规定进行，试验平均温度为（23±2)℃。

（3）黏接强度

黏接强度试验按《建筑防水材料试验方法》规定进行。

（4）尺寸变化率

尺寸变化率试验按《硬质泡沫塑料尺寸稳定性试验方法》规定进行，试验条件为(70 ± 2)℃，(48 ± 2) h。

（5）抗压强度

抗压强度试验按《硬质泡沫塑料压缩性能的测定》规定进行。

（6）拉伸强度

拉伸强度试验按《硬质泡沫塑料拉伸性能试验方法》规定进行。

（7）断裂拉伸率

断裂拉伸率试验按《硬质泡沫塑料拉伸性能试验方法》规定进行。

（8）闭孔率

闭孔率试验按《硬质泡沫塑料开孔和闭孔体积百分率的测定》规定的体积膨胀法进行。

（9）吸水率

吸水率的试验按《硬质泡沫塑料吸水率的测定》规定进行。

（10）水蒸气透过率

水蒸气透过率按《硬质泡沫塑料水蒸气透过性能的测定》规定进行。

（11）抗渗性

将试件水平放置，在上面立放直径约 20 mm、长 1100 mm 的玻璃管，用中性密封材料密封玻璃管与试件间的缝隙，将染色的水溶液加入玻璃管，液面高度 1000 mm，在液面高度做好标记，并在玻璃管上端放置一玻璃盖板，静置 24 h 后将试件中部切开，用钢直尺测量液面最大渗入深度，记录三个试件的数据，以其中值作为试验结果。

3. 标志、包装、运输和储存

（1）标志

必须标明：异氰酸酯还是多元醇（组合聚醚或聚酯）组分，此外，还应标明下列信息：

①产品名称、标记、商标、型号。

②生产日期或生产批号。

③生产单位及地址。

④净重量。

⑤防潮标记。

⑥贮存期。

（2）包装

应用铁桶包装，每个包装中应附有产品合格证和使用说明书。使用说明书应写明配比、施工温度、施工注意事项等内容。

（3）运输与贮存

①按一般运输方式运输，运输途中要防止雨淋、火源、包装损坏。贮存时严格防潮。

②应在保质期内使用。

4. 硬质聚氨酯泡沫塑料进场检验项目及指标

检验项目为表观密度、压缩性能、导热系数、氧指数。

5. 喷涂硬泡聚氨酯泡沫塑料

检验项目为密度、抗压强度、导热系数、燃烧性能。

第四节 聚苯乙烯泡沫塑料

聚苯乙烯泡沫塑料是以聚苯乙烯树脂为主体原料，加入发泡剂等辅助材料，经加热发泡而制成的泡沫塑料。按照生产方式及生产工艺的不同，分为绝热用模塑聚苯乙烯泡沫塑料和绝热用挤塑泡沫塑料两大类。下面分别介绍这两个类型的聚苯乙烯泡沫塑料。

一、绝热用模塑聚苯乙烯泡沫塑料（EPS）

绝热用模塑聚苯乙烯泡沫塑料（简称 EPS），是用可发性聚苯乙烯珠粒，经加热预发后在模具中加热成型的白色材料。

1. 材料特性

吸水性小、耐低温、耐腐蚀、性能稳定。

具有较好的保温隔热性能，导热系数为 0.039～0.041 W/（m·K）。

高密度的聚苯乙烯泡沫塑料板材具有很好的强度，可以承受一定荷载。

2. 分类与产品标记

绝热用模塑聚苯乙烯泡沫塑料根据其阻燃性能分为普通型和阻燃型两类。按照密度又可将其分成Ⅰ、Ⅱ、Ⅲ、Ⅳ、Ⅴ、Ⅵ类，见表5-1。

表 5-1　绝热用模塑聚苯乙烯泡沫塑料密度与适用范围

类别	密度范围/（kg/m³）	用途
Ⅰ	≥15～<20	适用于不承受负荷的，如夹芯材料、墙体保温材料
Ⅱ	≥20～<30	承受负荷较小，如地板下的隔热材料
Ⅲ	≥30～<40	承受较大负荷，如停车平台隔热材料
Ⅳ	≥40～<50	冷库铺地材料、公路地基材料及需要较高压缩强度的材料
Ⅴ	≥50～<60	
Ⅵ	≥60	

3. 技术要求

（1）外观要求

①色泽：均匀，阻燃型应掺有颜色颗粒，以示区别。

②外形：表面平整，无明显收缩变形和膨胀变形。

③熔结：熔结良好。

④杂质：无明显油渍和杂质。

（2）试验方法

聚苯乙烯泡沫塑料的检测项目有：尺寸测量、外观检测、表观密度测定、压缩强度测定、导热系数测定、水蒸气透过系数测定、吸水率的测定、尺寸稳定性的测定、熔结性的测定、燃烧性能的测定。在施工现场条件下，通常测量的项目是尺寸测量、外观检测、表观密度测定，其他项目应在实验室条件下进行。

二、绝热用挤塑聚苯乙烯泡沫塑料（XPS）

绝热用挤塑聚苯乙烯泡沫塑料（简称 XPS），是以聚苯乙烯树脂或其共聚物为主要成分，添加少量添加剂，通过加热挤塑成型而制得的具有闭孔结构的硬质泡沫塑料。挤塑聚苯乙烯泡沫塑料广泛应用于墙体保温、平面混凝土屋顶及钢结构屋顶的保温，低温储藏地面、机场跑道及高速公路等领域的防潮保温、控制地面冻胀。

1. 材料特性

①不吸水、防潮、超抗老化、导热系数低。

②质轻、不透气、耐腐蚀。

③内部为独立的密闭式气泡结构。

④压缩强度较高，可以承受一定荷载。

2．试验方法

（1）时效和状态调节

导热系数和热阻试验应将样品自生产之日起在环境条件下放置90d进行，其他物理力学性能应将样品自生产之日起在环境条件下放置45d后进行。试验前应进行状态调节，除试验方法中特殊规定外，试验环境和试样状态调节按《塑料试样状态调节和试验的标准环境》中23/50二级环境条件进行，样品在温度（23±2）℃，相对湿度45%～55%的条件下进行16h状态调节。

（2）试样表面特性说明

试件不带表皮试验时，该条件应记录在试验报告中。

（3）试件制备

除尺寸和外观检验，其他所有试验的试件制备，均应在距样品边缘20mm处切取试件。可采用电热丝切割试件。

（4）尺寸测量

尺寸测量按《泡沫塑料与橡胶线性尺寸的测定》进行。长度、宽度和厚度分别取5个点测量结果的平均值。

（5）外观质量

外观质量在自然光条件下目测。

（6）吸水率

吸水率试验按《硬质泡沫塑料吸水率的测定》进行，水温为（23±2）℃，浸水试件为96%，试件尺寸为（150.0±1.0）mm×（150.0±1.0）mm×原厚。吸水率取3个试件试验结果的平均值。

（7）透湿系数

透湿系数试验按《硬质泡沫塑料水蒸气透过性能的测定》进行，试验工作室（或恒温恒湿箱）的温度应为（23±1）℃，相对湿度为50%±5%。透湿系数取5个试件试验结果的平均值。

3．标志、包装、运输与储存。

（1）在标签或使用说明书上应标明：

①产品名称、产品标记、商标。

②生产企业名称、详细地址。

③产品的种类、规格及主要性能指标。

④生产日期。

⑤注明指导安全使用的警语或图示。例如：本产品的燃烧性能级别为 B2 级，在使用中应远离火源。

⑥包装单元中产品的数量。标志文字及图案应醒目清晰，易于识别，且具有一定的耐候性。

（2）包装、运输与储存

①产品须用收缩膜或塑料捆扎带等包装，或由供需双方协商，当运输至其他城市时，包装须适应运输的要求。

②产品应按类别、规格分别堆放，避免受重压，库房应保持干燥通风。

③运输与储存中应远离火源、热源和化学溶剂，避免日光曝晒，风吹雨淋，并应避免长期受重压或机械损伤。

三、聚苯乙烯泡沫塑料吸水率的测定

1. 试验目的

吸水率是反映材料在正常大气压下吸水程度的物理量。吸水率是衡量保温材料的一个重要参数。保温材料吸水后保温性能随之下降，在低温情况下，吸入的水极易结冰，会破坏保温材料的结构，从而导致其强度及保温性能下降。

2. 主要仪器设备

天平（精度 0.1 g）、网笼、圆筒容器、低渗透塑料薄膜、切片器、载片、投影仪或带标准刻度的投影显微镜。

3. 试件

试件数量：3 个，试件尺寸（100±1）mm×（100±1）mm×（50±1）mm。

4. 试验步骤

①调节环境温度为（23±2）℃和（50±5）%湿度。

②称量干燥后的试件质量 m_1，精确到 0.1 g。

③测量试件初始长宽厚 l、b、d，用于计算原始体积 V_0。

④将蒸馏水注入圆筒中。

⑤将网笼浸入圆筒中后去除挂在网笼上的气泡后取出，称量质量 m_2，精确到 0.1 g。

⑥将试件装入网笼，浸入水中，试件顶面距水面 50 mm，用软毛刷搅动去除网笼与试件表面气泡。

⑦将低渗透塑料薄膜覆盖在圆筒上。

⑧浸泡（96±1）h 后，称量浸在水中装有试件的网笼质量 m_3。

此时试件可能存在两种变化，即均匀溶胀和非均匀溶胀，针对两种情况分为 A、B 试验方法不同，此处以均匀溶胀为例。

⑨均匀溶胀，方法 A。从水中取出试件，立即测量其体积 V_1，则试件均匀溶胀系数：

$$S_0 = \frac{V_1 - V_0}{V_0}$$

5. 结果表示

吸水率 WAv 为：

$$WAv = \frac{m_3 + V_1 \times \rho - (m_1 + m_2 + V_c \times \rho)}{V_0 \times \rho} \times 100$$

其中，ρ 为水的密度 1 g/cm^3。

第五节　耐高温隔热保温涂料

防火涂料是用于基材表面，能降低被涂材料表面的温度或可燃性，阻滞火灾的迅速蔓延，用以提高被涂材料耐火极限的特种涂料。

一、耐高温隔热保温涂料分类

1. 根据防火涂料所用基料的性质，可分为有机型防火涂料、无机型防火涂料和有机无机复合型防火涂料三类。

2. 根据防火涂料所用的分散介质，可分为溶剂型防火涂料和水性防火涂料。

3. 按涂层受热后的燃烧特性和状态变化，可将防火涂料分为非膨胀型防火涂料和膨胀型防火涂料两类。

4. 按防火涂料的使用目标，可分为饰面型防火涂料、钢结构防火涂料、电缆防火涂料、预应力混凝土楼板防火涂料、隧道防火涂料、船用防火涂料等多种类型。其中，钢结构防火涂料根据其使用场合可分为室内用和室外用两类，根据其涂层厚度和耐火极限又可分为厚质型、薄型和超薄型三类。

二、工程中常用的几种防火涂料

1. 电缆防火涂料

电缆防火涂料是在饰面型防火涂料基础上结合自身要求发展起来的，其理化性能及耐候性能较好，涂层较薄，遇火能生成均匀致密的海绵状泡沫隔热层，有显著的隔热防火效果，从而达到保护电缆、阻止火焰蔓延、防止火灾的发生和发展的目的。电缆防火涂料作为电缆防火保护的一种重要产品，通过近20年来的应用，对减少电缆火灾损失、保护人民财产安全起了积极作用，其应用也从不规范到规范。

2. 饰面型防火涂料

饰面型防火涂料是一种集装饰和防火于一体的新型涂料品种，当它涂覆于可燃基材上时，平时可起一定的装饰作用；一旦火灾发生时，则具有阻止火势蔓延，从而达到保护可燃基材的目的。

3. 混凝土结构防火涂料

混凝土结构防火涂料是指涂覆在工业与民用建筑物内或公路、铁路（含地铁）隧道等混凝土表面，能形成耐火隔热保护层以提高其结构耐火极限的防火涂料。

混凝土结构防火涂料类似钢结构防火涂料，但在性能要求上有所不同，由于涂料应用在有碱性的混凝土表面，所以要求涂料有好的耐碱性或在使用时预先涂刷抗碱封闭底漆。

混凝土防火涂料按使用场所分为混凝土结构防火涂料和隧道防火涂料；按防火机理分为膨胀型（PH）和非膨胀型（FH）。其中，膨胀型按其成膜材料不同，分为溶剂型防火涂料和水性防火涂料。

4. 钢结构防火涂料

由于裸露的钢结构耐火极限仅为 15 min，在火灾中钢结构温升超过 500 ℃时，其强度明显降低，导致建筑物迅速垮塌。因此，钢结构必须采用防火涂料进行涂饰，才能使其达到《建筑设计防火规范》的要求。钢结构防火涂料是涂覆于建筑物或构筑物表面，能形成耐火隔热保护层以提高钢结构耐火极限的涂料。

以下重点介绍钢结构防火涂料。

三、钢结构防火涂料的分类、特点、原理

1. 分类

钢结构防火涂料按照使用厚度可分为：超薄型钢结构防火涂料、薄型钢结构防火涂料、厚型钢结构防火涂料。

①超薄型钢结构防火涂料，涂层厚度小于或等于 3 mm。

②薄型钢结构防火涂料，涂层厚度大于 3 mm 且小于或等于 7 mm。

③厚型钢结构防火涂料，涂层厚度大于 7 mm 且小于或等于 45 mm。

2. 特点

由于钢结构通常在 450℃～650℃ 温度中就会失去承载能力，发生很大的形变，导致钢

柱、钢梁弯曲，结果因过大的形变而不能继续使用，一般不加保护的钢结构的耐火极限为15 min 左右。钢结构防火涂料涂覆在钢材表面，可显著提高钢结构材料耐火性能。

3. 原理

（1）超薄型或薄型钢结构防火涂料的防火隔热原理

涂覆在钢结构上的超薄型或薄型钢结构防火涂料的防火隔热原理是防火涂料层在受火时膨胀发泡，形成泡沫，泡沫层不仅隔绝了氧气，而且因为其质地疏松而具有良好的隔热性能，可延滞热量传向被保护基材的速度；根据物理化学原理分析，涂层膨胀发泡产生的泡沫层的过程因为体积扩大而呈现吸热反应，也消耗了燃烧时的热量，有利于降低体系的温度，这几个方面的作用，使防火涂料产生显著的防火隔热效果。

（2）厚型钢结构防火涂料的防火隔热原理

涂覆在钢构件上的厚型钢结构防火涂料的防火隔热原理是防火涂料受火时涂层基本上不发生体积变化，但涂层热导率很低，延滞了热量传向被保基材的速度，防火涂料的涂层本身是不燃的，对钢构件起屏障和防止热辐射作用，避免了火焰和高温直接进攻钢构件。还有涂料中的有些组分遇火相互反应而生成不燃气体的过程是吸热反应，也消耗了大量的热，有利于降低体系温度，故防火效果显著，对钢材起到高效的防火隔热保护。另外，该类钢结构防火涂料受火时涂层不发生体积变化形成釉状保护层，它能起隔绝氧气的作用，使氧气不能与被保护的易燃基材接触，从而避免或降低燃烧反应。但这类涂料所生成釉状保护层导热率往往较大，隔热效果差。为了取得一定的防火隔热效果，厚涂型防火涂料一般涂层较厚才能达到一定的防火隔热性能要求。

四、钢结构防火涂料的技术要求

钢结构防火涂料根据使用的位置分为室内和室外用途，其技术指标各不相同。

1. 产品命名

以汉语拼音字母的缩写作为代号，N 和 W 分别代表室内和室外，CB、B 和 H 分别代表超薄型、薄型和厚型三类，各类涂料名称与代号对应关系如下：

室内超薄型钢结构防火涂料——NCB。

室外超薄型钢结构防火涂料——WCB。

室内薄型钢结构防火涂料——NB。

室外薄型钢结构防火涂料——WB。

室内厚型钢结构防火涂料——NH。

室外厚型钢结构防火涂料——WH。

2. 钢结构防火涂料试验方法

（1）取样

抽样、检查和试验所需样品的采取，除另有规定外，应按 GB 3186 的规定进行。

（2）试验条件

涂层的制备、养护均应在环境温度 5℃～35℃、相对湿度 50%～80% 的条件下进行；除另有规定外，理化性能试验亦宜在此条件下进行。

（3）理化性能

①在容器中的状态

用搅拌器搅拌容器内的试样或按规定的比例调配多组分涂料的试样，观察涂料是否均匀、有无结块。

②外观与颜色

将制作的试件干燥养护期满后，同厂方提供或与用户协商规定的样品相比较，颜色、颗粒大小及分布均匀程度，应无明显差异。

③初期干燥抗裂性

用目测检查有无裂纹出现或用适当的器具测量裂纹宽度。要求 2 个试件均符合要求。

④黏结强度

将制作的试件的涂层中央约 40 mm×40 mm 面积内，均匀涂刷高黏结力的黏结剂（如溶剂型环氧树脂等），然后将钢制联结件轻轻粘上并压上约 1 kg 重的砝码，小心去除联结件周围溢出的黏结剂，继续在 6.2 规定的条件下放置 3 d 后去掉砝码，沿钢联结件的周边切割涂层至板底面，然后将黏结好的试件安装在试验机上；在沿试件底板垂直方向施加拉力，以（1500～2000）N/min 的速度加载荷，测得最大的拉伸载荷（要求钢制联结件底面平整与试件涂覆面黏结），结果以 5 个试验值中剔除最大和最小值后的平均值表示，结论中应注明破坏形式，如内聚破坏或附着破坏。

⑤耐冷热循环性

将上述制作的试件，四周和背面用石蜡和松香的混合溶液（重量比 1：1）涂封，放置 1 d 后，将试件置于（23±2）℃的空气中 18 h，然后将试件放入（-20±2）℃低温箱中，自箱内温度达到-18 ℃时起冷冻 3 h 再将试件从低温箱中取出，立即放入（50±2）℃的恒温箱中，恒温 3h，取出试件重复上述操作共 15 个循环。要求 3 个试件中至少 2 个合格。

⑥耐曝热性

将按理化性能试件制备要求制备的试件垂直放置在（50±2）℃的环境中保持 720 h，取出后观察。要求 3 个试件中至少 2 个合格。

⑦耐湿热性

将按理化性能试件制备要求制作的试件，垂直放置在湿度为（90±5）%、温度为（45±5）℃的试验箱中，至规定时间后，取出试件垂直放置在不受阳光直接照射的环境中，自然干燥。要求3个试件中至少2个合格。

⑧耐冻融循环性

将按理化性能试件制备要求制作的试件，按照耐冷热循环性试验相同的程序进行试验，只是将（23±2）℃的空气改为水，共进行15个循环。要求3个试件中至少2个合格。

⑨耐酸性

将按理化性能试件制备要求制作的试件的2/3垂直放置于3%的盐酸溶液中至规定时间，取出垂直放置在空气中让其自然干燥。要求3个试件中至少2个合格。

⑩耐碱性

将按理化性能试件制备要求制作的试件的2/3垂直浸入3%的氨水溶液中至规定时间，取出垂直放置在空气中让其自然干燥。要求3个试件中至少2个合格。

3. 钢结构防火涂料检验规则

（1）检验分类

检验分出厂检验和型式检验。

（2）出厂检验

检验项目为外观与颜色、在容器中的状态、干燥时间、初期干燥抗裂性、耐水性、干密度、耐酸性或耐碱性（附加耐火性能除外）。

（3）型式检验

检验项目为本标准规定的全部性能指标。有下列情形之一时，产品应进行型式检验。型式检验被抽样品应从分别不少于1000 kg（超薄型）、2000 kg（薄型）、3000 kg（厚型）的产品中随机抽取超薄型100kg、薄型200 kg、厚型400 kg。

①新产品投产或老产品转厂生产时试制定型鉴定。

②正式生产后，产品的配方或所用原材料有较大改变时。

③正常生产满三年时。

④产品停产一年以上恢复生产时。

⑤出厂检验结果与上次例行试验有较大差异时。

⑥国家质量监督机构或消防监督部门提出例行检验的要求时。

4. 钢结构防火涂料的标志、标签、包装、运输、产品说明书

①产品应采取可靠的容器包装，并附有合格证和产品使用说明书。

②产品包装上应注明生产企业名称、地址、产品名称、商标、规格型号、生产日期或批号、保质贮存期等。

③产品放置在通风、干燥、防止日光直接照射等条件适合的场所。

④产品在运输时应防止雨淋、曝晒，并应遵守运输部门的有关规定。

⑤产品出厂和检验时均应附产品说明书，明确产品的使用场所、施工工艺、产品主要性能及保质期限。

第六节　建筑保温隔热节能材料发展趋势

我国国民经济整体发展非常迅速，但能源生产的发展相对滞后得多，解决能源短缺的一个最好办法就是节能，即减少热损失、提高热能的利用效率、减少能源浪费。国际上将节能工程视为"第五能源"，同石油、煤、天然气和电力并列五大常规能源，而节能的最主要措施之一就是发展和应用保温隔热材料。使用隔热材料能够有效减少热损失，节约燃料，同时可以改善劳动环境，保证安全生产，提高工效。

一、建筑保温隔热材料的优点

保温隔热材料是一种减缓由传导、对流、辐射产生的热流速率的材料或复合材料。由于材料具有较高的热阻性能，保温材料阻碍热流进出建筑物。根据设备及管道保温技术通则，在平均温度不大于 623K 时，材料的热导率应小于 0.14W/（m·K）。保温隔热材料的优点主要有以下几点：

1. 从经济效益角度看，使用保温隔热材料不仅可以大量节约能源费用，而且减小了机械设备（空调、暖气）规模，从而也节约了设备费用。

2. 从环境效益角度看，使用保温隔热材料不仅可以节约能源，而且由于减少机械设备，使得设备排放的污染气体量也相应减少。

3. 从舒适度角度看，保温隔热材料可以减小室内温度的波动，尤其是在季节交替时，更可以保持室温的平稳，并且保温隔热材料普遍具有隔声性，受外界噪声干扰减小。

4. 从保护建筑物的角度看，剧烈的温度变化将会破坏建筑物的结构，使用保温隔热材料可以保持温度平稳变化，延长建筑物的使用寿命，保持建筑物结构的完整性，同时使用和安装保温隔热材料有助于隔热和阻燃，减少人员伤亡和财物损失。

二、建筑保温隔热材料发展趋势

1. 憎水性是绝热保温材料重要发展方向

材料的吸水率是在选用绝热材料时应该考虑的一个重要因素，在常温情况下，水的热导率是空气的 23.1 倍。绝热材料吸水后不但会大大降低其绝热性能，而且会加速对金属的腐蚀，是十分有害的。保温材料的空隙结构分为连通型、封闭型、半封闭型几种，除少数有机泡沫塑料的空隙多数为封闭型外，其他保温材料不管空隙结构如何，其材质本身都吸水，加上连通空隙的毛细管渗透吸水，故整体吸水率均很高。我国目前大多数保温绝热材料均不憎水、吸水率高，这样一来对外护层的防水要求就十分严格，增加了外护层的费用。目前改性剂中有机硅类憎水剂，是保温材料较通用的一种高效憎水剂，它的憎水机理是利用有机硅化合物，与无机硅酸盐材料之间较强的化学亲和力，来有效地改变硅酸盐材料的表面特性，使之达到憎水效果。它具有稳定性好、成本低、施工工艺简单等特点。

2. 发展新型的保温材料也是一个研究的主要方向

目前，已经出现几种新型保温隔热材料（例如纳米孔绝热材料、复合绝热材料石棉代用品等）。

（1）纳米孔绝热材料

随着纳米技术的不断发展，纳米材料越来越受到人们的青睐。纳米孔硅质保温材料就是纳米技术在保温材料领域新的应用，组成材料内的绝大部分气孔尺寸宜处于纳米尺度。根据分子运动及碰撞理论，气体的热量传递主要是通过高温侧的较高速度的分子与低温侧的较低速度的分子相互碰撞传递能量。由于空气中的主要成分氮气和氧气的自由程度均在 70nm 左右，纳米孔硅质绝热材料中的二氧化硅微粒构成的微孔尺寸小于这一临界尺寸时，材料内部就消除了对流，从本质上切断了气体分子的热传导，从而可获得比无对流空气更低的导热系数。

（2）石棉代用品的开发和应用

玻璃棉是人造矿物纤维的一种，其制品容重小，导热系数低，热绝缘和吸声性能好，且具有耐腐蚀、不会霉烂、不怕虫蛀、耐热、抗冻、抗震和良好的化学稳定性等优异性能。应用时，施工方便、价格便宜，是一种新型工业保温材料。近年来，玻璃棉及其制品的生产随着我国社会主义建设事业的飞跃发展，产品质量不断提高，品种不断增多（有玻璃棉毡、缝毡、贴面层缝毡、管壳和棉板等），已广泛地被应用到石油、化工、交通运输、车船制造、机械制造、工业建设等方面。

无机保温材料（例如复合硅酸盐保温材料等）研究重点应放在减少生产过程中能源的

消耗、限制灰尘和纤维的排放、减少黏结剂的用量。有机保温材料（例如聚苯乙烯泡沫保温材料、聚氨酯泡沫等）研究重点应放在找出更合适的发泡剂；改进材料的阻燃性能和降低材料的生产成本。

3. 研制多功能复合保温材料，提高产品的保温效率和扩大产品的应用面

目前使用的保温材料在应用上都存在着不同程度的缺陷：硅酸钙的含湿气状态下，易存在腐蚀性的氧化钙，并由于长时间内保有水分，不宜在低温环境下使用；玻璃纤维易吸收水分，不适于低温环境，也不适于540℃以上的温度环境；矿物棉同样存在吸水性，不宜用于低温环境，只能用于不存在水分的高温环境下；聚氨酯泡沫与聚苯乙烯泡沫不宜用于高温下，而且易燃、收缩、产生毒气；泡沫玻璃由于对热冲击敏感，不宜用于温度急剧变化的状态下。所以为了克服保温隔热材料的不足，各国纷纷研制轻质多功能复合保温材料。

4. 大力研究开发新型的保温隔热涂料

传统的隔热保温材料，以提高材料的孔隙率、降低热导率和传导系数为主。纤维类保温材料在使用环境中，如果要使对流传热和辐射传热升高，必须有较厚的覆层；而型材类无机保温材料需要进行拼装施工，存在接缝多、有损美观、防水性差、使用寿命短等缺陷。为此，人们正在探索一种能够大大提高保温材料隔热反射性能的新型材料。

建筑材料专家认为，国内悄然掀起一股研发隔热保温新材料的热潮，于是新型的太空反射绝热涂料问世，该涂料选用了具备优异耐热、耐候性、耐腐蚀和防水性能的硅丙乳液和水性氟碳乳液为成膜物质，采用被誉为空间时代材料的极细中空陶瓷颗粒为填料，由中空陶粒多组合排列制得的涂膜构成，它对400～1800nm范围的可见光和近红外区的太阳热进行高反射，同时在涂膜中引入热导率极低的空气微孔层来隔绝热能的传递。这样通过强化反射太阳热和对流传递的显著阻抗性，能有效地降低辐射传热和对流传热，从而降低物体表面的热平衡温度，可使屋面温度最高降低20℃，室内温度降低5℃～10℃。产品的热反射率为89%，热导率为0.030W／（m·K）。

建筑物隔热保温材料是节省资源、改善居住环境和使用功能的一个重要方面。建筑能耗在人类整个能源消耗中所占比例约超过30%，绝大部分是采暖和空调的能耗，因此建筑节能意义十分重大。而且由于这种隔热保温涂料以水为稀释介质，不含挥发性有机溶剂，对人体及环境没有危害；生产成本约为国外同类产品的1/5，而它作为一种新型隔热保温涂料，有着良好的经济效益、节能环保、隔热效果和施工简便等优点，越来越受到人们的关注与青睐。

工程实践证明，这种太空绝热反射涂料正经历着一场由工业隔热保温转型向建筑隔热保温为主方向的转变，由厚层向薄层隔热保温的技术转变，这也是今后隔热保温材料主要的发展方向。太空反射绝热涂料通过应用陶瓷球形颗粒中空材料在涂层中形成的真空腔体层，构筑有效的热屏障，不仅自身的热阻较大，热导率较低，而且热反射率极高，减少建筑物对太阳辐射热的吸收，降低被覆表面和内部空间温度，因此它被业内公认为是有发展前景的高效节能材料之一。

第七节　建筑保温隔热节能技术发展

一、国内外保温隔热材料技术

在建筑工程中，外围护结构的热损耗比较大，外围护结构在墙体中又占了很大比例，所以建筑墙体材料改革与墙体节能技术的发展，已成为建筑节能技术中一个很重要的环节，其中墙体材料节能技术是建筑业共同关注的重点课题之一。

建筑节能不仅是建筑节能法规的颁布执行，它的实现还涉及一个庞大的产业群体，其中保温隔热材料与制品是影响建筑节能的一个重要影响因素。建筑保温材料的研制与应用越来越受到世界各国的普遍重视，新型保温材料正在不断地涌现。保温隔热材料正在由工业保温隔热为主向建筑保温隔热为主转变，由厚层保温隔热向薄层保温隔热转变，这是保温隔热材料的发展方向之一。

国内外实践证明，墙体材料的发展与土地、资源、能源、环境和建筑节能有着密切的联系。近年来，在各地和有关部门的共同努力下，我国墙体材料改革和推广工作取得了积极进展。新型墙体材料和产品的研制与开发得到较快的发展，新型墙体材料的应用范围不断扩大，并取得了明显的经济效益和社会效益。但是，墙体材料革新和推广建筑节能工作还存在一些问题，主要表现为：首先，新型墙体材料的产品比较单一，生产工艺比较简单，技术含量不高。目前我国的新型墙体材料仍然是以烧结砖类和建筑砌块类为主，严格地说这些性能单一的低技术含量产品，只能作为过渡性的节能产品。其次，传统不合理的产品至今仍然未彻底退出市场。

国外新型墙体材料发展相当迅速，美国、加拿大、法国、日本、德国、俄罗斯等国，在生产与应用混凝土砌块、纸面石膏板、灰砂砖、加气混凝土、复合轻质板等方面已居世界领先地位。在欧洲国家中，混凝土砌块的用量占墙体材料的比例达到10%～30%，砌块的规格、式样、品种、颜色非常丰富，产品的生产和应用标准、施工规范齐全。纸面石膏板在美国、日本等国家已经形成规模化生产，在利用工业废石膏的比例上不断提高。德国是灰砂砖生产和应用都居领先地位的国家，其次是日本和一些东欧国家。加气混凝土的性能进一步向轻质、高强、多功能方向发展，如法国、瑞典等国家已经将表观密度小于 $300kg/m^3$ 的产品投入市场，这种产品具有较低的吸水率和良好的保温性能。国外的轻质板也逐渐发展起来，其中包括玻璃纤维增强水泥板、石棉水泥板、硅酸钙板和各种保温材料复合而成的复合板。

二、新型墙体材料节能技术

新型墙体材料就是以非黏性土为原料生产的墙体材料，如非黏土砖、砌块和板材。这类的墙体材料具有质量轻、高强、节能、保温、隔热等特点。新型墙体材料节能技术就是根据新型墙体材料的特点，通过改善材料主体结构的热工性能，从而达到墙体节能的效果。由于单一的砌筑结构热导率不能满足建筑节能设计标准，所以通常采用在新型墙体材料的基础上增加保温隔热材料（如聚苯板、玻璃棉板等），形成复合的节能墙体。复合墙体作为外围护结构中的墙体称为复合外墙，根据其构造的不同，通常分为外墙内保温、外墙外保温、外墙夹芯保温。

外墙内保温是将保温材料置于外墙体的内侧，这是一种传统的外墙保温做法，其优点主要在于结构简单、施工方便。但这种做法的保温层在室内容易被破坏，也不便于进行修复。特别是内保温做法，由于圈梁、楼板、构造柱等引起的热桥很难进行处理，热量损失比较大，达不到建筑节能的目标。外墙内保温做法主要有四种：第一，在外墙内侧粘贴或砌筑块状保温板，然后在表面抹保护层；第二，在外墙的内侧拼装复合板，在墙上粘贴聚苯板，用粉刷石膏做面层，玻璃纤维网格布增强；第三，在外墙内侧安装岩棉轻钢龙骨纸面石膏板；第四，直接在外墙内侧抹保温砂浆。

外墙外保温与其他外墙保温隔热技术相比，具有非常多的优越性，所以外墙外保温是目前广泛应用的一种建筑保温节能技术。外墙外保温具有的主要优点是：保温隔热效果好，建筑物外围护结构的热桥少，对热量损失影响比较小；能够有效保护主体结构，延长建筑物寿命；适用范围比较广，新旧建筑物都适宜，不同气候地区都适用；与外墙内保温相比，能扩大室内的使用空间，据统计，每户使用面积约增加 1.5%；也便于丰富美化建筑物的外立面。但是采用这种技术对现场施工要求比较高，采用的材料和施工质量要求严格。常用的外墙外保温技术有外挂式外保温和聚苯乙烯置于内、外侧墙片之间，内、外侧墙片均可采用传统的黏土砖、混凝土空心砌块等，其优点是防水性能很好，对施工条件要求不高，不易被破坏。但是这种墙体通常要用拉结钢筋联合保温层内外侧墙片，这样会形成热桥，降低保温效果，其抗震性能较差。

外墙夹芯保温通常做法就是把保温层夹在内、外墙中间，墙体用混凝土或砖砌在保温材料的两侧，更理想的做法，可用保温承重装饰空心砌块来砌筑墙体。这种砌块是一种集保温、承重、装饰三种功能于一体的新型砌块，它是在出厂前把聚苯板插入砌块的空气层内，而砌块端头的接缝处在施工时插入保温材料。这种做法解决了目前国内在砌块建筑中内保温、外保温在墙面上产生裂缝的问题，而且建筑造价较低。

建设部将墙体自保温体系首次列入推广应用技术公告内容，并明确了具体的技术指标，现在墙体自保温技术正在积极推广。节能建筑自保温技术主要是通过自保温墙体来达到节能的效果，不通过内、外墙保温技术，其自身热工指标就能达到国家和地方现行节能建筑节能标准要求。目前，自保温墙体材料主要有加气混凝土砌块、自保温砌块、自保温墙板。自保温砌块及多孔砖砌筑时，与传统多孔砖、空心砌块砌筑方法相同，只是需要专用的保温隔热浆料和黏结剂来取代原来的普通砂浆进行砌筑。这样，在砌筑墙体的同时，也将保温材料融入墙体之中，砌筑墙体与保温施工合二为一。

自保温墙板的做法通常是由工厂预制，现场进行装配，再喷抹水泥砂浆而成。另外，采用墙体自保温体系时，梁、柱节点和剪力墙的保温措施是非常必要的，可在梁、柱节点和剪力墙等部位内缩 30～50mm（自保温墙体部分外凸），内缩部分用保温砂浆或同质材料粘贴即可，也可用同质材料制作模板，与混凝土整体浇注成型。节能建筑墙体自保温技术与其他墙体保温技术比较，具有与建筑同寿命、造价较低、施工方便、便于维修改造、安全性好等优点，可以有效降低能源消耗，减少环境污染，促进节能减排，实现可持续发展。

目前国内建筑市场已经广泛使用的各种墙体保温技术各具有其自身的优势，但同时也各自存在不足之处。有的系统虽然保温性能好，但存在寿命较短、防火性能差、外装饰受外界影响大等缺陷；有的系统虽然没有上述缺陷，但工程造价较高，很难广泛推广应用。相对而言，建筑节能墙体自保温技术具有与建筑同寿命、综合造价低、施工方便、便于维护等优点，因此在我国很多地区正在积极推广。但是目前适用于外墙自保温的材料并不多，有待进一步加强开发研究。另外，对于外墙内保温、外墙夹芯保温、外墙外保温、外墙自保温等不同的节能措施，在工程中应当针对项目的特点进行不同的选择。选取建筑节能措施的过程中，应在保证节能效果的前提下，考虑工程的墙体构造及墙面装饰的具体要求，同时也要考虑到造价成本的控制和施工工期的要求。

随着科学技术的进步和可持续发展原则的推行，建筑节能方面的研究越来越受到全社会的重视。作为建筑节能设计中的重要节能材料之一，新型墙体材料一直处于研究的热点中。新型墙体材料是指以非黏土为原料具有节土、节能、利废、多功能、有利于环保并且符合可持续发展要求的各类墙体材料。

经过多年的努力，我国在发展新型墙体材料方面已经取得了长足的进步，已初步形成以砖、板、块、膜为主导产品的新型墙体材料体系。新型墙体材料的生产与应用比例已得到了大幅度的提升，节约了大量能耗和土地资源，获得了显著的社会效益和经济效益。针对我国的实际情况，在新型墙体材料研究上应注意如下方面：第一，墙体材料具有很强的地域性，各地应根据当地实际情况发展新型建材；第二，传统的建筑体系与新型建筑墙体材料并不完全适应，推广新型墙体材料可从变革建筑体系入手；第三，目前传统的施工工艺并不能很好地满足新型墙体材料的施工要求，各地应制定新的施工标准以适应新型墙体材料的使用需要；第四，各地应制定新型墙体材料的优惠政策，并实事求是地宣传新型墙体材料。

第六章 建筑节能门窗材料

第一节　建筑塑料节能门窗

　　门是人们进出建筑物的通道口，窗是室内采光通风的主要洞口，因此门窗是建筑工程的重要组成部分，也是建筑装饰工程中的重点。为了增大采光通风面积或表现现代建筑的风格特征，建筑物的门窗面积越来越大，更有全玻璃的幕墙建筑，以至于门窗的热损失占建筑的总热损失的40%以上，门窗节能是建筑节能的关键，门窗既是能源得失的敏感部位，又关系到采光、通风、隔声、立面造型。这就对门窗的节能提出了更高要求，其节能处理主要是改善材料的保温隔热性能和提高门窗的密闭性能。

　　塑料门窗是以聚氯乙烯或其他树脂为主要原料，以轻质碳酸钙为填料，添加适量助剂和改性剂，经过双螺杆挤压机挤压成型的各种截面的空腹门窗异型材，再根据不同的品种规格选用不同截面异型材组装而成。由于塑料的刚度较差、变形较大，一般在空腹内嵌装型钢或铝合金型材进行加强，从而增强了塑料门窗的刚度，提高了塑料门窗的牢固性和抗风能力。因此，塑料门窗又称为"钢塑门窗"。

一、塑料门窗的特点

　　随着人们对塑料门窗性能的不断了解和门窗技术的不断发展，会有更多的人青睐它。具体地讲，塑料门窗具有如下特点：

（一）保温节能

　　塑料门窗所用的塑料型材为多腔式结构，具有良好的隔热性能，其材料（PVC）的传热系数很低，一般仅为钢材的1/357、铝材的1/1250，生产单位重量PVC材料的能耗是钢材的1/4.5、是铝材的1/8.8，节约能源消耗30%以上。由此可见塑料门窗具有传热系数低、隔热性能好、生产能耗低的特点，是一种很好的保温节能建筑材料。

由于塑料框材的传热性能较差，所以其保温隔热性能十分优良，节能效果非常突出；塑料可以制成不同颜色、不同结构形式的门窗，具有较好的装饰性。

根据测试结果表明，使用塑料门窗比使用木门窗的房间，冬季室内温度提高 4℃ ~ 5℃。从《各类窗户导热、保温性能对比表》中不难看出单框双玻塑料窗的保温节能指标，相当于双层空腹钢和铝窗，它这种突出的品质是极其优良的性能。

（二）气密性能

塑料窗框和窗扇的搭接（搭接量 8 ~ 10mm）处和各缝隙处均设置弹性密封条、毛条或阻风板，使空气渗透性能指标大大超过国家对建筑门窗的要求。

从国家标准和行业标准的对照就不难看出：5 级（合格级）塑料推拉窗的指标相当于国标建筑外窗的 3 级窗的指标。塑料门窗在安装时所有缝隙处均装有橡胶密封条和毛条，其气密性远远高于铝合金门窗，在一般情况下，平开窗的气密性可达到一级，推拉窗可达到二、三级。在使用空调或采暖设备的房间，其优点更为突出。特别是硅化夹层毛条的出现，使塑料推拉窗的气密性能又有了很大提高，同时防尘效果也得到了很大改善。

（三）水密性能

由于塑料门窗具有独特的多腔式结构，均有独立的排水腔，无论是门窗框还是扇的积水均能有效排出，在一般情况下，平开窗的水密性可达到二级，推拉窗的水密性可达到三级。

但是，这项性能指标对于塑料平开窗来讲是尽善尽美，无可比拟的（质量好的塑料平开窗雨水渗透性能△P≥500Pa）。但对于塑料推拉窗来讲，由于开启方式和型材结构所限，该项性能指标不是很理想，一般△P≤250Pa。一些有技术基础的门窗厂在这方面也做了不少有益的尝试，他们根据流体力学和模拟风雨试验对 80 系列推拉窗排水系统和密封结构进行改造，取得了满意的效果。水密性能有明显提高，△P≥350Pa。

（四）绝缘性能

塑料门窗制作所用的 PVC 型材，经过材料试验表明是一种优良的电绝缘体，具备不导电、安全性高等优点。

（五）隔声性能

塑料门窗用异型材是多腔室中空结构，焊接后形成数个充满空气的密闭空间，具有良好的隔声性能和隔热性能，其框、扇搭接处，缝隙和玻璃均用弹性橡胶材料密封，具有良好的吸震和密闭性能。据日本资料介绍达到同样隔声要求的建筑物，安装铝合金窗的建筑与交通干道的距离要 50m 以外，若使用塑料门窗就可以缩短到 16m 以内。所以塑料门窗更适用于交通频繁，噪声侵扰严重或特别要求宁静的环境，如马路两侧、医院、学校、科研院所、广播电视、新闻通信、政府机关、图书室、展览馆等。

（六）耐候、耐冲击性能

塑料门窗用异型材（改性 UPVC）采用特殊配方，原料中添加了光和热稳定剂、防紫外线吸收剂和耐低温抗冲击改性剂，在 $-10℃$ 温度下，以及 1000g 和 1000mm 高落锤试验下不破裂。可在 $-50℃ \sim 70℃$ 之间各种气候条件下使用，经受烈日暴雨、风雪严寒、干燥潮湿的侵袭后，不脆裂、不降解、不变色。国产塑料门窗在海口发电厂、南极长城考察站的长期使用，就是很好例证。人工加速老化实验〔用老化箱进行试验，外窗、外门不少于 1000h；内窗、内门不少于 500h；每 120min 降雨 18min；黑板温度：$60℃ \sim 100℃（±3℃）$〕证实：硬质聚氯乙烯（UPVC）型材的老化是个十分缓慢的过程，其老化层深度局限于距表面 $0.01 \sim 0.03mm$ 之内，其使用寿命在 $40 \sim 50$ 年是完全可以达到的。

（七）耐腐蚀性

硬质聚氯乙烯（UPVC）型材由于其本身的属性，是不会被任何酸、碱、盐等化合物腐蚀的。塑料门窗的耐腐蚀性取决于五金配件（包括钢衬、胶条、毛条、紧固件等）。正常环境下使用的五金配件为金属制品（也不同程度地敷以防腐镀层），而在具有腐蚀性环境下，如造纸、化工、医药、卫生及沿海地区、阴雨潮湿地区、盐雾和腐蚀性烟雾场所、选用防腐五金件（材质一般为 ABS 工程塑料）即可使其耐腐蚀性与型材相同。如果选用防腐的五金件不锈钢材料，它的使用寿命约是钢门窗的 10 倍。

二、塑料门窗的材料质量要求

随着科学技术的发展，塑料业得到迅速发展，从而使塑料门窗的种类很多。根据制作原材料的不同，塑料门窗可以分为以聚氯乙烯树脂为主要原料的钙塑门窗（又称"U-PVC 门窗"），以改性聚氯乙烯为主要原料的改性聚氯乙烯门窗（又称"改性 PVC 门窗"），以合成树脂为基料、以玻璃纤维及其制品为增强材料的玻璃钢门窗等。

塑料门窗所用材料的质量要求，主要包括对塑料异型材、密封条、配套件、玻璃及玻璃垫块、密封材料和材料间的相容性等。

（一）塑料异型材及密封条

塑料门窗采用的塑料异型材、密封条等原材料，也是塑料门窗重要组成材料，其技术性能应符合现行的国家标准《门窗框用硬聚氯乙烯（PVC）型材》和《塑料门窗用密封条》的有关规定。

（二）塑料门窗配套件

塑料门窗安装所采用的紧固件、五金件、增强型钢、金属衬板及固定垫片等，应当符合以下具体要求：

1. 塑料门窗安装所采用的紧固件、五金件、增强型钢、金属衬板及固定垫片等，应进行表面防腐处理。

2. 塑料门窗安装所采用紧固件的镀层金属及其厚度，应当符合国家标准《紧固件表面处理标准》中的有关规定；紧固件的尺寸、螺纹、公差、十字槽及机械性能等技术条件，应符合国家标准《十字槽盘头自攻锁紧螺钉》《十字槽盘头自攻螺钉》《十字槽沉头自攻螺钉》中的有关规定。

3. 塑料门窗安装所采用的五金件的型号、规格和性能，均应符合国家现行标准的有关规定；滑撑的铰链不得使用铝合金材料。

4. 全防腐型塑料门窗，应采用相应的防腐型五金件及紧固件。

5. 塑料门窗安装所采用的固定垫片的厚度应为 21.5mm，最小宽度应为 215mm，其材质应采用 Q235-A 冷轧钢板，其表面应进行镀锌处理。

（三）玻璃及玻璃垫块

玻璃及玻璃垫块是塑料门窗重要组成部分，其质量如何也影响整个门窗的质量。塑料门窗所用的玻璃及玻璃垫块的质量，应符合以下规定：

1. 玻璃的品种、颜色、规格及质量，应符合国家现行产品标准的规定，并应有产品出厂合格证，中空玻璃应有质量检测报告。

2. 玻璃的安装尺寸，应比相应的框、扇（梃）内口尺寸小 4~6mm，以便于安装并确保阳光照射后膨胀不出现开裂。

3. 玻璃垫块应选用邵氏硬度为 70~90（A）的硬橡胶或塑料，不得使用硫化再生橡胶、木片或其他吸水性材料；其长度宜为 80~150mm，厚度应按框、扇（梃）与玻璃的间隙确定，一般宜为 2~6mm。

（四）门窗洞口框墙间隙密封材料

门窗洞口框墙间隙的气密性和水密性，关键在于选用的密封材料是否适宜。用于门窗洞口框墙间隙密封材料，一般常为嵌缝膏（建筑密封胶）。为使嵌缝材料达到密封和填充牢固的目的，这种材料应具有良好的弹性和黏结性。

（五）材料的相容性

在塑料门窗安装中，与聚氯乙烯型材直接接触的五金件、紧固件、密封条、玻璃垫块、嵌缝膏等材料，为避免材料之间发生一些不良反应，影响塑料门窗的使用功能和使用寿命，这些材料的性能与 PVC 塑料必须具有相容性。

第二节　铝合金节能门窗

一、铝合金门窗的特点

铝合金门窗是指采用铝合金挤压型材为框、梃、扇料制作的门窗。铝合金门窗是最近十几年发展起来的一种新型节能环保门窗，与普通木门窗和钢门窗相比具有以下特点：

（一）质轻高强

铝合金是一种质量较轻、强度较高的金属材料，在保证使用强度的要求下，门窗框料的断面可制成空腹薄壁组合断面，使其减轻铝合金型材的质量，节省了大量的铝合金材料。一般铝合金门窗质量与木门窗差不多，比钢门窗轻50%左右。

（二）密封性好

密封性能是门窗质量的重要指标。铝合金门窗和普通钢、木门窗相比，其气密性、水密性和隔声性均比较好，是一种节能效果显著的建筑门窗。工程实践证明，推拉门窗要比平开门窗的密封性稍差，因此推拉门窗在构造上加设尼龙毛条，以增加其密封性。

（三）变形性小

铝合金门窗的变形比较小，一是因为铝合金型材的刚度好，二是由于其制作过程中采用冷连接。横竖杆件之间及五金配件的安装，均是采用螺钉、螺栓或铝钉，通过角铝或其他类型的连接件，使框、扇杆件连成一个整体。

铝合金门窗的冷连接与钢门窗的电焊连接相比，可以避免在焊接过程中因受热不均而产生的变形现象，从而能确保制作的精度。

（四）表面美观

一是造型比较美观，门窗面积大，使建筑物立面效果简洁明亮，并增加了虚实对比，富有较强的层次感；二是色调比较美观，其门窗框料经过氧化着色处理，可具有银白色、金黄色、青铜色、古铜色、黄黑色等色调或带色的花纹，外观华丽雅致，不需要再涂漆或进行表面维修装饰。

（五）耐蚀性好

铝合金材料具有很高的耐蚀性能，材料试验证明，不仅可以抵抗一般酸碱盐的腐蚀，而且在使用中不需要涂漆，表面不褪色、不脱落，不必要进行维修。由于其耐蚀性很好，所以用铝合金材料制作的门窗，使用年限要比其他材料的门窗长。

（六）使用价值高

铝合金门窗具有刚度好、强度高、耐腐蚀、美观大方、坚固耐用、开闭轻便、无噪声等优异性能，特别是对于高层建筑和高档的装饰工程，无论从装饰效果、正常运行、年久维修，还是从施工工艺、施工速度、工程造价等方面综合权衡，铝合金门窗的总体使用价值优于其他种类的门窗。

（七）实现工业化

铝合金门窗框料型材加工、配套零件的制作，均可以在工厂内进行大批量的工业化生产，这样非常有利于实现门窗设计的标准化、产品系列化和零配件通用化，也能有力推动门窗产品的商业化。

二、铝合金门窗的类型

根据结构与开启形式的不同，铝合金门窗可分为推拉门、推拉窗、平开门、平开窗、固定窗、悬挂窗、回转门、回转窗等。按铝合金门的开启形式不同，可分为折叠式、平开式、推拉式、平开下悬式、地弹簧式等。按铝合金窗的开启形式不同，可分为固定式、中悬式、立转式、推拉式、平开上悬式、平开式、推拉平开式、滑轴式等。按门窗型材截面宽度尺寸的不同，可分为许多系列，常用的有 25、40、45、50、55、60、65、70、80、

90、100、135、140、155、170 系列等。

根据氧化膜色泽的不同，铝合金门窗料有银白色、金黄色、青铜色、古铜色、黄黑色等几种，其外表色泽雅致、美观、经久、耐用，在工程上一般选用银白色、古铜色居多。氧化膜的厚度应满足设计要求，室外门窗的氧化膜应当厚一些，沿海地区与较干燥的内陆城市相比，沿海由于受海风侵蚀比较严重，氧化膜应当稍厚一些；建筑物的等级不同，氧化膜的厚度也要有所区别。所以，氧化膜厚度的确定，应根据气候条件、使用部位、建筑物的等级等多方面因素综合考虑。

三、铝合金门窗的性能

铝合金门窗的性能是进行设计、施工使用的主要指标。铝合金门窗的性能主要包括：气密性、水密性、抗风压强度、保温性能和隔声性能等。

（一）气密性

气密性也称空气渗透性能，指空气透过处于关闭状态下门窗的能力。材料试验证明，与门窗气密性有关的气候因素，主要是室外的风速和温度。在没有机械通风的条件下，门窗的渗透换气量起着重要作用。

不同地区气候条件不同，建筑物内部的热压阻力和楼层层数不同，致使门窗受到的风压相差很大。另外，空调房间又要求尽量减少外窗空气渗透量，于是就提出了不同气密等级门窗的要求。

（二）水密性

水密性也称雨水渗透性能，指在风雨同时作用下，雨水透过处于关闭状态下门窗的能力。渗水会影响室内精装修和室内物品的使用，因此水密性能是门窗产品的重要指标。门窗的水密性有以下三方面原因：第一，存在缝隙及孔洞；第二，存在雨水；第三，存在压力差。只有三个条件同时存在时才能产生渗漏。我国大部分地区对门窗的水密性要求不十分严格，对水密性要求较高的，主要以台风地区为主。

（三）抗风压强度

所谓建筑外窗的抗风压强度是指在风压作用下，处于正常关闭状态下的外窗不发生损坏以及功能性障碍的能力，这是衡量建筑门窗物理性能的重要环节。过大的风压能使门窗构件变形，拼接处的缝隙变大，影响到正常的气密性和水密性。因此，既需要考虑长期使用过程中，在平均风压作用下，保证其正常功能不受到影响，又必须注意到在台风袭击下不遭受破坏，以免产生安全事故。

（四）保温性能

保温性能是指门窗两侧存在空气温差条件下，门窗阻抗从高温一侧向低温一侧传导热量的能力。要求保温性能较高的门窗，传热的速度应当非常缓慢。门窗的保温性能能明显影响建筑物的采暖能耗和室温。如果隔热系数不高，会引起空调能耗增加或者室内温度上升过快，也会影响人的正常生活。要提高建筑门窗保温性能，首先应弄清楚影响它的主要因素，有针对性地加以解决才能收到较好的效果。

（五）隔声性能

隔声性能是指声音通过门窗时其强度衰减多少的数值，是门窗隔声性能好坏的衡量尺度。为了避免外界噪声对建筑室内的侵袭，建筑外立面的隔声性能是首先要考虑的问题。噪声污染会严重破坏人的生活环境和危害健康，目前，选择安装隔声性能较好的外门窗构件是解决这一问题的基础手段之一。因此，隔声性能是环保门窗的重要指标，也是评价门窗质量好坏的重要指标。

第三节　铝塑钢节能门窗

铝塑节能门窗也称为断桥铝门窗，是继铝合金门窗、塑钢门窗之后研制成功的一种新型门窗。断桥铝门窗采用隔热断桥铝型材和中空玻璃，并仿欧式结构组合而成，其外形美观，具有节能、隔声、防噪、防尘、防水等多种功能。这类门窗的热传导系数 K 值为 $3W/（m^2 \cdot K)$ 以下，比普通门窗热量散失减少 1/2，降低取暖费用 30% 左右，隔声量达 29dB 以上，水密性、气密性良好，达到国家 A1 类窗标准。

一、铝塑节能门窗的特点

1. 整体强度高，总体质量好

铝塑门窗是从型材选用材料上提高门窗的整体强度、性能、档次和总体质量。铝合金型材的平均壁厚达 1.4～1.8mm，表面采用粉末喷涂技术，以保证门窗强度高、不变色、不掉色。中间的隔热断桥部分采用改良 PVC 塑芯作为隔热桥，其壁厚为 2.5mm，使塑芯的强度更高。由于铝材和塑料型材都具有很高的强度，通过铝材+塑料+铝材的紧密复合，

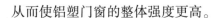

从而使铝塑门窗的整体强度更高。

2. 具有优异的隔热性能

由于铝塑门窗的塑料型材使用国内首创的腔体断桥技术，所以使其具有更优异的隔热性能。为了减少热量的损失，铝塑门窗型材在结构上设计为六腔室，由于多腔室的结构设计，使室内（外）的热量（冷气）在通过门窗时，经过一个个腔室的阻隔作用，热量的损失大大减少，从而保证了优异的隔热性能。

3. 具有优异的密封性能

铝塑节能门窗一般为三道密封设计，具有优异的密封性能。室外的一道密封胶条，增加后可以提高门窗的气密性能，但略降低了水密性能；去掉后气密性能略降低，但可以提高水密性能。因此，可以根据不同地区的气候特点选择添加或不设置密封胶条。材料试验证明，专门设计的宽胶条，其密封性能更好，尤其是新开发的宽胶条，大大提高了门窗的密封性能。当外侧冷风吹进时，风的压力越大，宽胶条压得越紧，从而更好地保证了门窗的密封效果。

4. 具有优异的隔声性能

铝塑门窗上镶嵌的玻璃，最低限度使用 5+12A+5 的中空节能玻璃，同时通过修改压条的宽度，可以使用 5+16A+5 及 5+12A+5+12A+5 的中空节能玻璃，从而可以更好地确保门窗的隔声降噪功能大于 35dB。

5. 具有时尚美观的外表

铝塑门窗的两侧采用表面光滑、色彩丰富的铝材，断桥采用改良的 PVC 塑芯作为隔热材料，从而使铝塑门窗具有铝和塑料的共同优点：隔热、结实、耐用、美观。同时，可以根据设计的要求，更换门窗两侧铝材的颜色，提供更大的选择空间。

6. 具有良好的抗风压性能

根据测试结果表明，铝塑门窗的抗风压级别可以达到国家标准《建筑外门窗气密、水密、抗风压性能分级及检测方法》中最高级别——8 级水平。因此，铝塑门窗具有良好的抗风压性能。

7. 门窗清洁更加方便

门窗两侧采用的铝合金材料，其表面又采用喷涂的处理方式，这样铝型材的表面清洁起来更加容易，大大节省了清洁门窗的时间。铝塑铝复合型材不易受酸碱侵蚀和污染，几乎不需要进行保养。当门窗表面脏污时，也不会变黄褪色，只要用水加清洗剂擦洗，清洗后洁净如初。

8. 具有良好的防火性能

门窗两侧的铝合金为金属材料，不自燃，不燃烧，具有很好的防火性能；在门窗中间的 PVC 型材中加有阻燃剂，其完全可以达到氧指数大于 36 的阻燃材料标准。

二、铝塑节能门窗的性能

铝塑节能门窗的性能主要包括抗风压性能、气密性能、保湿性能和隔声性能。铝塑节能门窗的性能如表 6-1 所列。

表 6-1　铝塑节能门窗的性能

<table>
<tr><td rowspan="2" colspan="2">项目</td><td colspan="5">H 型（50 系列平开窗）</td></tr>
<tr><td>5+9A+5</td><td>5+12A+5</td><td>5+12A+
5Lwo-E</td><td>5+12A+5+
12A+5</td><td>5+12A+5+12A
+55Lwo-E</td></tr>
<tr><td colspan="2">玻璃配置（白玻）</td><td>≥4.5</td><td>≥4.5</td><td>≥4.5</td><td>≥4.5</td><td>≥4.5</td></tr>
<tr><td colspan="2">抗风压性能/（P/kPa）</td><td>≥350</td><td>≥350</td><td>≥350</td><td>≥350</td><td>≥350</td></tr>
<tr><td rowspan="2">气密
性能</td><td>$q_1/[m^3/(m^2 \cdot h)]$</td><td>≤1.5</td><td>≤1.5</td><td>≤1.5</td><td>≤1.5</td><td>≤1.5</td></tr>
<tr><td>$q_2/[m^3/(m^2 \cdot h)]$</td><td>≤4.5</td><td>≤4.5</td><td>≤4.5</td><td>≤4.5</td><td>≤4.5</td></tr>
<tr><td colspan="2">保湿性能 $K/[W/(m^2 \cdot K)]$</td><td>2.7～2.9</td><td>2.3～2.6</td><td>1.8～2.0</td><td>1.6～1.9</td><td>1.2～1.5</td></tr>
<tr><td colspan="2">隔声性能/dB</td><td>≥30</td><td>≥32</td><td>≥32</td><td>≥35</td><td>≥35</td></tr>
</table>

第四节　玻璃钢节能门窗

玻璃钢门窗被国际称为继木、钢、铝合金、塑料之后的第五代门窗产品，它既具有铝合金的坚固，又具有塑钢门窗的保温性和防腐性，更具有它自身独特的特性：多彩、美观、时尚，在阳光下照射无膨胀，在冬季寒冷下无收缩，也不需要用金属加强，耐老化性能特别显著，其使用寿命可与钢筋混凝土相同。

一、玻璃钢节能门窗的特性

玻璃钢俗称 FRP（Fiber Reinforced Plastics），即纤维强化塑料。根据采用的纤维不同分为玻璃纤维增强复合塑料（GFRP）、碳纤维增强复合塑料（CFRP）和硼纤维增强复合塑料等。这是发达国家 20 世纪初研制开发的一种新型复合材料，它具有质轻、高强、防腐、保温、绝缘、隔声、节能、环保等诸多优点。

1. 轻质高强

玻璃钢型材的密度在 1.7g/cm³ 左右，约为钢密度的 1/4，为铝密度的 2/3，密度略大于塑钢，属于轻质建筑材料；其硬度和强度却很大，巴氏硬度为 35，拉伸强度为 350～450MPa，与普通碳素钢接近，弯曲强度为 200MPa，弯曲弹性模量为 10 000MPa，分别是塑料的 8 倍和 4 倍，因此不需要加钢材补强，减少了组装工序，提高功效。

2. 密封性能好

玻璃钢窗的线膨胀系数为 $7×10^{-6}$mm/℃，低于钢和铝合金，是塑料的 1/10，与墙体膨胀系数相近，因此，在温度变化时，玻璃钢门窗窗体不会与墙体之间产生缝隙，因此密封性能好。特别适用于多风沙、多尘及污染严重的地区。

3. 保温节能

测试数据显示，玻璃钢型材的导热系数是钢材的 1/150，是铝材的 1/650，因而它是一种优良的绝热材料。玻璃钢门窗型材为空腹结构，具有空气隔热层，保温效果佳。采用玻璃钢双层玻璃保温窗，与其他窗户相比，冬季可提高室温 3.5℃ 左右。由此可见，隔热保温效果显著，特别适用于温差大、高温高寒地区，是一种节能性能优良的门窗材料。

4. 耐腐蚀性好

由于玻璃钢属优质复合材料，它对酸、碱、盐、油等各种腐蚀介质都有特殊的防止功能，且不会发生锈蚀。玻璃钢的抗老化性能也很好，铝合金门窗平均寿命为 20 年，普通的 PVC 寿命为 15 年，而玻璃钢门窗的寿命可达 50 年。玻璃钢门窗对无机酸、碱、盐、大部分有机物、海水及潮湿环境都有较好的抵抗力，对于微生物也有抵抗作用，因此除适用于干燥地区外，同样适用于多雨、潮湿地区，沿海地区以及有腐蚀性的场所。

5. 耐候性良好

玻璃钢属热固性塑料，树脂交联后即形成二维网状分子结构，变成不溶体，即使加热也不会再熔化。玻璃钢型材热变形温度在 200℃ 以上，耐高温性能好，而耐低温性能更好，因为随着温度的下降，分子运动减速，分子间距离缩小并逐步固定在一定的位置，分子间引力加强。

6. 色彩比较丰富

玻璃钢门窗可以根据不同客户的需求、室内装修、建筑风格，对型材的表面喷涂各种颜色，以满足人们的个性化审美要求。

7. 隔声效果显著

铝合金门窗隔声值分别是 16dB 和 12dB，因此玻璃钢门窗的隔声性能良好，特别适宜于繁华闹市区建筑门窗。

8. 具有阻燃性

由于拉挤成型的玻璃钢型材树脂含量比较低，在加工的过程中还加入了无机阻燃填料，所以该材料具有较好的阻燃性能，完全达到了各类建筑物防火安全的使用标准。

9. 绿色环保

据有关部门检测，优质玻璃钢门窗型材符合国家规定的各项有害物质限量指标，达到 A 类装修材料要求，符合绿色环保建材产品重点推广条件。

二、玻璃钢节能门窗的节能关键

玻璃钢节能窗户节能效果是否符合设计和现行规范的要求，关键是抓好以下几个环节：玻璃钢型材、使用的玻璃、五金件和密封的质量以及安装质量等。

1. 玻璃钢型材是导热系数除木材之外最低的门窗型材

一般情况下，窗框占整个窗户面积的 25%～30%，特别是平开窗，窗框所占窗户面积的比例会更大，可见型材的导热系数会对窗户的保温性能产生很大的影响。玻璃型材的传热系数在室温下为：$0.3～0.4 \text{ W}/（\text{m}^2 \cdot \text{K}）$，只有金属的 1/100～1/1000，是优良的绝热材料，从而在根本上解决了门窗的保温性能。

2. 玻璃钢型材热膨胀系数最小

与墙体最接近的门窗型材，由于材料不同，膨胀系数也不同，在温度变化时，窗体和墙体、窗框和窗扇之间会产生缝隙，从而产生空气对流，加快了室内能量的流失。经国家专业检测部门检测，玻璃钢型材热膨胀系数与墙体热膨胀系数最相近，低于钢和铝合金，是塑钢的 1/20，因此，在温度变化时玻璃钢门窗框既不会与墙体产生缝隙，也不会与门窗扇产生缝隙，密封性能良好，非常有利于门窗的保温。

3. 玻璃钢型材属于轻质高强材料

在同样配置的情况下，会减小单位面积的窗扇的重量及合页的承重力，长时间使用不会使窗扇变形，不会影响窗扇与窗体结合的密封性能，体现了节能窗的时效问题。

材料试验证明，玻璃、五金件及密封件的性能如何，对门窗的保温性能起到很重要的影响。室内热量透过门窗损失的热量，主要通过玻璃（以辐射的形式）、门窗框（以传导的形式）、门窗框与玻璃之间的密封条（以空气渗透的形式）传递到室外。质量较好的中空玻璃、镀膜玻璃、Low-E 玻璃可以有效地降低热量的辐射；好的密封条受热后不收缩，

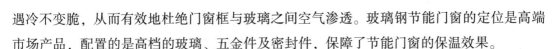

遇冷不变脆，从而有效地杜绝门窗框与玻璃之间空气渗透。玻璃钢节能门窗的定位是高端市场产品，配置的是高档的玻璃、五金件及密封件，保障了节能门窗的保温效果。

三、玻璃钢节能门窗的性能及规格

玻璃钢门窗型材具有很高的纵向强度，在一般情况下，可以不采用增强的型钢。如果门窗尺寸过大或抗风压要求很高时，应当根据使用的要求，确定采取适宜的增强方式。

玻璃钢门窗的技术性能应符合现行标准《玻璃纤维增强塑料（玻璃钢）门》和《玻璃纤维增强塑料（玻璃钢）窗》中的规定。

玻璃钢节能门窗的技术性能如表 6-2 所列；平开门、平开下悬门、推拉下悬门、折叠门的力学性能如表 6-3 所列；推拉门的力学性能如表 6-4 所列；平开窗、平开下悬窗、上悬窗、中悬窗、下悬窗的力学性能如表 6-5 所列；推拉窗的力学性能如表 6-6 所列。

表 6-2　玻璃钢节能门窗的技术性能

指标	玻璃钢	PVC	铝合金	钢
密度/（1000kg/m²）	1.90	1.40	2.90	7.85
热膨胀系数/-10⁸/℃	7.00	65	21	11
热导率/［W/（m·℃）］	0.30	0.30	203.5	46.5
拉伸强度/MPa	420	50	150	420
比强度	221	36	53	53

表 6-3　平开门、平开下悬门、推拉下悬门、折叠门的力学性能

项目	技术要求
锁紧器（执手）的开关力	≤80N（力矩≤10N·m）
开关力	≤80N
悬端吊重	在 500N 力作用下，残余变形≤2mm，试件不损坏，仍保持使用功能
翘曲	在 300N 力作用下，允许有不影响使用的残余变形，试件不损坏，仍保持使用功能
开关疲劳	经≥10 000 次的开关试验，试件及五金件不损坏，其固定处及玻璃压条不松脱，仍保持使用功能
大力关闭	经模拟 7 级风连续开关 10 次，试件不损坏，仍保持开关功能
角连接强度	门框≥3000N，门扇≥6000N
垂直荷载强度	当施加 30kg 荷载，门扇卸荷后的下垂量应≤2mm
软物冲击	无破损，开关功能正常
硬物冲击	无破损

表6-4 推拉门的力学性能

项目	技术要求
开关力	≤100N
弯曲	在300N力作用下，允许有不影响使用的残余变形，试件不得损坏，仍保持使用功能
扭曲	在200N力作用下，试件不损坏，允许有不影响使用的残余变形
开关疲劳	经≥10 000次的开关试验，试件及五金件不损坏，其固定处及玻璃压条不松脱，仍保持使用功能
角连接强度	门框≥3000N，门扇≥4000N
软物冲击	试验后无损坏，启闭功能正常
硬物冲击	试验后无损坏

表6-5 平开窗、平开下悬窗、上悬窗、中悬窗、下悬窗的力学性能

项目	技术要求
锁紧器（执手）的开关力	≤80N（力矩≤10N·m）
开关力	平合页≤80N，摩擦铰链≥30N、≤80N
悬端吊重	在300N力作用下，残余变形≤2mm，试件不损坏，仍保持使用功能
翘曲	在300N力作用下，允许有不影响使用的残余变形，试件不损坏，仍保持使用功能
开关疲劳	经≥10 000次的开关试验，试件及五金件不损坏，其固定处及玻璃压条不松脱，仍保持使用功能
大力关闭	经模拟7级风连续开关10次，试件不损坏，仍保持开关功能
角连接强度	门框≥2000N，门扇≥2500N
窗撑试验	在200N力作用下，只允许位移，连接处型材不破裂
开启限位装置（制动器）受力	在10N力作用下开启10次，试件不损坏

表6-6 推拉窗的力学性能

项目	技术要求
开关力	推拉窗≤100N，上、下推拉窗 C135N
弯曲	在300N力作用下，允许有不影响使用的残余变形，试件不得损坏，仍保持使用功能
扭曲	在200N力作用下，试件不损坏，允许有不影响使用的残余变形
开关疲劳	经≥10000次的开关试验，试件及五金件不损坏，其固定处及玻璃压条不松脱，仍保持使用功能
大力关闭	经模拟7级风连续开关10次，试件不损坏，仍保持开关功能
角连接强度	门框≥2500N，门扇≥1400N

第五节　门窗薄膜材料和密封材料

门窗薄膜是一种多功能的复合材料，一般由金属薄膜和塑料薄膜交替构成。两层塑料薄膜分别充当基材和保护薄膜，中间的金属层厚度只有30mm，因而其透光性能好，但是它们对红外线辐射有高反射率和低发射率，将这种材料装贴在建筑物的门窗玻璃上，可以产生奇妙的保温隔热效果，从而达到预定的节能指标。

一、门窗薄膜材料

（一）门窗薄膜材料的分类

建筑门窗上用的薄膜有三种类型，即反射型、节能型和混合型。反射型薄膜使射到门窗上的大部分太阳光线反射回去，可以阻止太阳热量进入室内，保持室内凉爽清幽，节约制冷的费用，达到节能的目的。节能型薄膜也称为冬季薄膜，这种薄膜把热能折射回室中，阻止室内的热量传到室外，从而达到室内保温节能的目的。混合型薄膜具有反射型、节能型的双重效果。

建筑门窗采用薄膜结构既是一种古老的结构形式，也是一种代表当今建筑技术和材料科学发展水平的新型结构形式。在20世纪60年代，美国的杜邦（DuPont）公司研制出聚氟乙烯（TEDLAR）品牌的氟素材料，其主要产品有聚四氟乙烯（PTFE）薄膜、聚偏氟乙烯（PVDF）薄膜、聚氟乙烯（PVF）薄膜等。

为了配合聚四氟乙烯（PTFE）涂层，人们进一步开发出玻璃纤维作为聚四氟乙烯（PTFE）的基材，从而使聚四氟乙烯（PTFE）膜材的应用更加广泛。

建筑门窗薄膜结构的研究和应用的关键是材料问题，目前薄膜所用的材料分为织物膜材和箔片膜材两大类。高强度的箔片近几年才开始进行应用。

织物是由平织或曲织而制成的，根据涂层的具体情况，织物膜材可分为涂层膜材和非涂层膜材两种；根据材料类型，织物膜材可以分为聚酯织物和玻璃织物两种。通过单边或双边涂层可以保护织物免受机械损伤、大气影响以及动植物作用等的损伤，所以目前涂层膜材是膜结构的主流材料。

建筑门窗工程中的箔片都是由氟塑料制造的，这种材料的优点在于有很高的透光性和出色的防老化性。单层的箔片可以如同膜材一样施加预拉力，但它常常被做成夹层，内部充有永久性的空气压力以稳定箔面。由于这种材料具有极高的自洁性能，氟塑料不仅可以制成箔片，还常常被直接用作涂层，如玻璃织物上的聚四氟乙烯（PTFE）涂层，或者用于涂层织物的表面细化，如聚酯织物加 PVC 涂层外的聚偏氟乙烯（PVDF）表面。

（二）门窗薄膜材料的性能

以玻璃纤维织物为基材涂敷 PTFE 的膜材质量较好，强度较高，蠕变性小，其接缝可达到与基本膜材同等的强度。这种膜材的耐久性能较好，在大气环境中不会出现发黄、霉变和裂纹等现象，也不会因受紫外线的作用而变质。PTFE 膜材是一种不燃材料，具有极好的耐火性能，不仅具有良好的防水性能，而且防水汽渗透的能力也很强。另外，这种膜材的自洁性能非常好，但其价格昂贵，材质比较刚硬，施工操作时柔顺性较差，因而精确的计算和下料是非常重要的。

涂敷 PVC 的聚酯纤维膜材价格比较便宜，其力学强度稍高于 PTFE 膜材，并且具有一定的蠕变性，另外，还具有较好的拉伸性，比较易于制作，对剪裁中出现的误差有较好的适应性。但是，这种膜材的耐久性和自洁性较差，容易产生老化和变质。为了改进这种膜材的性能，目前常在涂层外再加一面层，如加聚氟乙烯（PVF）或聚偏氟乙烯（PVDF）面层后，这种膜材的耐久性和自洁性大为改善，价格虽然稍贵一些，但比 PTFE 膜材还便宜得多。

ETFE 膜材是乙烯–四氟乙烯共聚物制成的，既具有类似聚四氟乙烯的优良性能，又具有类似聚乙烯的易加工性能，另外还具有耐溶剂和耐辐射的性能。

用于门窗工程的 ETFE 膜材是由其生料加工而成的薄膜，其厚度通常为 0.05 ~ 0.25mm，非常坚固、耐用，并具有极高的透光性，表面具有较高的抗污、易清洗的特点。0.20mm 厚的 ETFE 膜材的单位面积质量约为 $350g/m^2$，抗拉强度大于 40MPa。

二、门窗的密封材料

为了增大采光通风面积或表现现代建筑的性格特征，建筑物的门窗面积越来越大，更有全玻璃的幕墙建筑，以至于门窗的热损失占建筑总热损失的 40% 以上，门窗节能是建筑节能的关键，门窗密封好坏对节能起着举足轻重的作用。门窗既是能源得失的敏感部位，又关系到采光、通风、隔声、立面造型。这就对门窗密封提出了更高的要求，其节能处理主要是改善材料的保温隔热性能和提高门窗的密闭性能。

门窗的缝隙是热量损失的主要部位，缝隙有三种，即门窗与墙体之间的缝隙、玻璃与门窗框之间的缝隙及开启扇和门窗之间的缝隙。门窗密封材料的质量，既影响着房屋的保温节能效果，也关系到墙体的防水性能，应正确选用洞口密封材料。目前门窗密封材料主要有密封膏和密封条两大类。

(一) 门窗的密封膏

1. 单组分有机硅建筑密封膏

有机硅建筑密封膏是以有机硅橡胶为基料配制成的一类高弹性高档密封膏。有机硅密封膏分为双组分和单组分两种，单组分应用较多。单组分有机硅建筑密封膏，系以有机硅氧烷聚合物为主剂，加入适量的硫化剂、硫化促进剂、增强填料和颜料等制成膏状材料。

单组分有机硅建筑密封膏的特点是使用寿命长，便于施工使用，在使用时不需要称量、混合等操作，适宜野外和现场施工时使用。单组分有机硅建筑密封膏可在 0～80℃ 范围内硫化，胶层越厚，硫化越慢。

2. 双组分聚硫密封膏

双组分聚硫密封膏是以混炼研磨等工序配成聚硫橡胶基料和硫化剂两组分，灌装于同一个塑料注射筒中的一种密封膏。按照其颜色不同，有白色、驼色、孔雀蓝、浅灰色、黑色等多种颜色。另外，以液体聚硫橡胶为基料配制成的双组分室温硫化建筑密封膏，具有良好的耐候性、耐燃性、耐湿性和耐低温等优良性能。双组分聚硫密封膏工艺性能良好，材料黏度较低，两种组分容易混合均匀，施工非常方便。

双组分聚硫密封膏具有以下特点：①具有良好的耐候性、耐久性，长期使用不产生龟裂现象；②对被密封构件具有充分稳定的黏结性及耐久黏结性，对水中的混凝土具有长期黏结性；③水蒸气透过率极低，双组分聚硫密封胶具有非常好的防水功能；④不易受到菌类的侵蚀，对菌类的抵抗性能极佳；⑤施工作业性很好，双组分聚硫密封胶能很好地填充到接缝里；⑥对密封构件不产生污染，也不产生腐蚀，双组分聚硫密封胶对人体健康无危害。

3. 水乳型丙烯酸建筑密封膏

水乳型丙烯酸建筑密封膏是以丙烯酸酯乳液为胶黏剂，掺以少量表面活性剂、增塑剂、稳定剂、防冻剂、改性剂以及填充料、色料等配制而成。

水乳型丙烯酸建筑密封膏具有如下性能特点：①水乳型丙烯酸建筑密封膏是以水为稀释剂，是一种黏度较小的膏状物，无溶剂污染，无毒、不燃、安全可靠。其基料为白色，可配制成各种彩色。②挤出性好。因水乳型丙烯酸建筑密封膏属乳液型，具有较小的黏性，挤出非常容易，也可用刮刀施工，并在高、低温度下均容易操作。③污染性很小。为了减少丙烯酸酯密封膏中的污染物，一般不掺加增黏剂与防老化剂，这样使水乳型丙烯酸建筑密封膏污染性很小，是一种环保的建筑密封膏。④成膜时间短。水乳型丙烯酸建筑密封膏一般在施工 30min 后出现结膜，由于其黏结剂为乳液，因此在未结膜之前，容易被冲刷，而在涂刷 1～3h 内，密封膏表面结膜后，不再产生溶解，但仍经受不了大雨的侵袭。因此施工要密切注意气候防止暴雨的浇淋和冲刷。⑤弹性很高。水乳型丙烯酸建筑密封膏完全硬化后呈橡胶状弹性体，在较小的变形时就达到屈服应力，因此残余变形较大。在阳光型老化仪下，随时间的增长延伸率减小，强度反而增加，200h 左右时趋于稳定。硬度随时间增长有增长趋向，而暴露表面无开裂现象。⑥冻融及储存稳定性好。乳液在负温时具有完全恢复状、黏度可以提高，并生成大块固状物，所以其冻融性能良好。水乳型丙烯酸建筑密封膏在 5℃～26℃ 环境下，可储存 12 个月，如果不能保证储存温度，在 6 个月内必须使用完。

4. 橡胶改性聚醋酸乙烯密封膏

橡胶改性聚醋酸乙烯密封膏，系以聚醋酸乙烯酯为基料，配以丁腈橡胶及其他助剂配制成的单组分建筑用密封膏。橡胶改性聚醋酸密封膏的主要特点是：黏结强度高、干燥速度快，溶剂型橡胶改性聚醋酸乙烯密封膏不受季节和温度变化的影响，施工中不用打底，不用加以保护，在同类产品中价格较低。

5. 单组分硫化聚乙烯密封膏

单组分硫化聚乙烯密封膏，系以硫化聚乙烯为主要原料，加入适量的增塑剂、促进剂、硫化剂和填充剂等，经过塑炼、配料、混炼等工序制成的建筑密封材料。硫化后能形成具有橡胶状的弹性坚韧的密封条，其耐老化性能好，适应接缝的伸缩变形，在高温下能保持原有的柔韧性和弹性，是建筑工程上常用的密封膏。

（二）门窗的密封条

门窗密封条在门窗和断桥铝门窗中不仅要起到防水、密封及节能的重要作用，还要具有隔声、防尘、防冻、保暖等作用。因此，门窗密封胶条必须具有足够的拉伸强度、良好的弹性、良好的耐温性和耐老化性，断面结构尺寸要与塑钢门窗型材匹配。质量不好的胶条耐老化性差，经太阳长期暴晒，胶条老化后变硬，失去弹性，容易脱落，不仅密封性差，而且造成玻璃松动产生安全隐患。

胶条、毛条都起着密封、隔声、防尘、防冻、保暖的作用。它们质量的好坏直接影响门窗的气密性和长期使用的节能效果。

在门窗中所用的密封条种类很多，常见的主要有以下几种：

1. 铝合金门窗橡胶密封条

铝合金门窗橡胶密封条，系以氯丁橡胶、顺丁橡胶和天然橡胶为基料，利用剪切机头冷喂料挤出制成的橡胶密封条。这种橡胶密封条规格多样（有 50 多个规格）、均匀一致、弹性较高、耐老化性能优越。

2. 丁腈橡胶-PVC 门窗密封条

丁腈橡胶-PVC 门窗密封条，系以丁腈橡胶和聚氯乙烯树脂为基料，通过一次挤出成型工艺生产的门窗密封条。这种门窗密封条具有较高的强度和弹性，适宜的刚度，优良的耐老化性能。其规格有塔型、U 型、掩窗型等系列，也可以根据要求加工成各种特殊规格和用途的密封条。

3. 彩色自黏性门窗密封条

彩色自黏性门窗密封条，系以丁基橡胶和三元乙丙橡胶为基料，配制而成的彩色自黏性密封条。这种密封条具有较优越的耐久性、气密性、黏结力和延伸力。

工程实践充分证明，密封材料对于现代节能型门窗有着非常重要的作用，要充分发挥节能型门窗的节能功效，优良的密封材料是不可缺少的。

第七章 绿色建筑施工管理

第一节 绿色施工组织管理

绿色施工是指在保证质量、安全等基本要求的前提下，通过科学管理和技术进步，最大限度地节约资源，减少对环境的负面影响，实现"四节一环保"（节能、节材、节水、节地和环境保护）的建筑工程施工活动。绿色施工要求以资源的高效利用为核心，以环境保护优先为原则，追求高效、低耗、环保，统筹兼顾，实现经济、社会、环境综合效益最大化。在工程项目的施工阶段推行绿色施工主要包括选择绿色施工方法、采取节约资源措施、预防和治理施工污染、回收与利用建筑废料四个方面内容。

要实现绿色施工，实施和保证绿色施工管理尤为重要。绿色施工管理主要包括组织管理、规划管理、目标管理、实施管理、评价管理五大方面。以传统施工管理为基础，文明施工、安全管理为辅助，实现绿色施工目标为目的，在技术进步的同时，完善包含绿色施工思想的管理体系和方法，用科学的管理手段实现绿色施工。

建立绿色施工管理体系就是绿色施工管理的组织策划设计，以制定系统、完整的管理制度和绿色施工的整体目标。在这一管理体系中有明确的责任分配制度，并指定绿色施工管理人员和监督人员。

绿色施工要求建立公司和项目两级绿色施工管理体系。

一、绿色施工管理体系

（一）公司绿色施工管理体系

施工企业应该建立以总经理为第一责任人的绿色施工管理体系，一般由总工程师或副总经理作为绿色施工牵头人，负责协调人力资源管理部门、成本核算管理部门、工程科技管理部门、材料设备管理部门、市场经营管理部门等管理部室。

1. 人力资源管理部门

负责绿色施工相关人员的配置和岗位培训；负责监督项目部绿色施工相关培训计划的编制和落实以及效果反馈；负责组织国内和本地区绿色施工新政策、新制度在全公司范围内的宣传等。

2. 成本核算管理部门

负责绿色施工直接经济效益分析。

3. 工程科技管理部门

负责全公司范围内所有绿色施工创建项目在人员、机械、周转材料、垃圾处理等方面的统筹协调；负责监督项目部绿色施工各项措施的制定和实施；负责项目部相关数据收集的及时性、齐全性与正确性，并在全公司范围内及时进行横向对比后将结果反馈到项目部；负责组织实施公司一级的绿色施工专项检查；负责配合人力资源管理部门做好绿色施工相关政策制度的宣传并负责落实在项目部贯彻执行；等等。

4. 材料设备管理部门

负责建立公司《绿色建材数据库》和《绿色施工机械、机具数据库》并随时进行更新；负责监督项目部材料限额领料制度的制定和执行情况；负责监督项目部施工机械的维修、保养、年检等管理情况。

5. 市场经营管理部门

负责对绿色施工分包合同的评审，将绿色施工有关条款写入合同。

(二) 项目绿色施工管理体系

绿色施工创建项目必须建立专门的绿色施工管理体系。项目绿色施工管理体系不要求采用一套全新的组织结构形式，而是建立在传统的项目组织结构的基础上，要求融入绿色施工目标，并能够制定相应责任和管理目标以保证绿色施工开展的管理体系。

项目绿色施工管理体系要求在项目部成立绿色施工管理机构，作为总体协调项目建设过程中有关绿色施工事宜的机构。这个机构的成员由项目部相关管理人员组成，还可包含建设项目其他参与方，如建设方、监理方、设计方的人员。同时要求实施绿色施工管理的项目必须设置绿色施工专职管理员，要求各个部门任命相关的绿色施工联络员，负责本部门所涉及的与绿色施工相关的职能。

二、绿色施工责任分配

（一）公司绿色施工责任分配（表7-1）

（1）总经理为公司绿色施工第一责任人。

（2）总工程师或副总经理作为绿色施工牵头人负责绿色施工专项管理工作。

（3）以工程科技管理部门为主，其他各管理部室负责与其工作相关的绿色施工管理工作，并配合协助其他部室工作。

表7-1　公司绿色施工责任分配

绿色施工相关工作 公司领导、部门	总经理	绿色施工牵头人	人力资源管理部门	成本核算管理部门	工程科技管理部门	材料设备管理部门	市场经营管理部门
公司总目标	主控	相关	相关	相关	主控	相关	相关
公司总策划	相关	主控	相关	相关	主控	相关	相关
人力资源配备	相关	主控	主控	相关	相关	相关	相关
教育与培训	相关	主控	主控	相关	相关	相关	相关
直接经济效益控制	相关	主控	相关	主控	相关	相关	相关
绿色施工方案审核	相关	主控	相关	相关	主控	相关	相关
项目间协调管理	相关	主控	相关	相关	主控	相关	相关
数据收集与反馈	相关	主控	相关	相关	主控	相关	相关
专项检查	相关	主控	相关	相关	主控	相关	相关
绿色建材数据库的建立与更新	相关	主控	相关	相关	相关	主控	相关
绿色施工机械、机具数据库的建立与更新	相关	主控	相关	相关	相关	主控	相关
监督项目限额领料制度的制定与落实	相关	主控	相关	相关	相关	主控	相关
监督项目机械管理	相关	主控	相关	相关	相关	主控	相关
合同评审	相关	主控	相关	相关	相关	相关	主控
……							

（二）项目绿色施工责任分配（表7-2）

（1）项目经理为项目绿色施工第一责任人。

（2）项目技术负责人、分管副经理、财务总监以及建设项目参与各方代表等组成绿色施工管理机构。

（3）绿色施工管理机构开工前制订绿色施工规划，确定拟采用的绿色施工措施并进行管理任务分工。

（4）管理任务分工，其职能主要分为四个：决策、执行、参与和检查。一定要保证每项任务都有管理部门或个人负责决策、执行、参与和检查。

（5）项目主要绿色施工管理任务分工表制定完成后，每个执行部门负责填写《绿色施工措施规划表》报绿色施工专职管理员，绿色施工专职管理员初审后报项目部绿色施工管理机构审定，作为项目正式指导文件下发到每一个相关部门和人员。

（6）在绿色施工实施过程中，绿色施工专职管理员应负责各项措施实施情况的协调和监控。同时在实施过程中，针对技术难点、重点，可以聘请相关专家作为顾问，保证实施顺利。

表 7-2　项目主要绿色施工管理任务分工表

部门　　　任务	绿色施工管理机构	质量	安全	成本	后勤
施工现场标牌	决策与检查	参与	参与	参与	执行
包含环境保护内容					
制定用水定额	决策与检查	参与	参与	执行	参与
……					

第二节　绿色施工规划管理

一、绿色施工图纸会审

绿色施工开工前应组织绿色施工图纸会审，也可在设计图纸会审中增加绿色施工部分，从绿色施工"四节一环保"的角度，结合工程实际，在不影响质量、安全、进度等基本要求的前提下对设计进行优化，并保留相关记录。

现阶段绿色施工处于发展阶段，工程的绿色施工图纸会审应该有公司一级管理技术人员参加，在充分了解工程基本情况后，结合建设地点、环境、条件等因素提出合理性设计变更申请，经相关各方同意会签后，由项目部具体实施。

二、绿色施工总体规划

（一）公司规划

在确定某工程要实施绿色施工管理后，公司应对其进行总体规划，规划内容包括：

（1）材料设备管理部门从《绿色建材数据库》中选择距工程 500km 范围绿色建材供应商数据供项目选择。从《绿色施工机械、机具数据库》中结合工程具体情况，提出机械设备选型咨议。

（2）工程科技管理部门收集工程周边在建项目信息，对工程类建筑垃圾提出就近处理等合理化建议。

（3）根据工程特点，结合类似工程经验，对工程绿色施工目标设置提出合理化建议和要求。

（4）对绿色施工要求的执证人员、特种人员提出配置要求和建议；对工程绿色施工实施提出基本培训要求。

（5）在全司范围内（有条件的公司可以在一定区域范围内），从绿色施工"四节一环保"的基本原则出发，统一协调资源、人员、机械设备等，以求达到资源消耗最少、人员搭配最合理、设备协同作业程度最高、最节能的目的。

（二）项目规划

在进行绿色施工专项方案编制前，项目部应对以下因素进行调查并结合调查结果做出绿色施工总体规划。

1. 工程建设场地内原有建筑分布情况

（1）原有建筑须拆除：要考虑对拆除材料的再利用。

（2）原有建筑须保留，但施工时可以使用：结合工程情况合理利用。

（3）原有建筑须保留，施工时严禁使用并要求进行保护：要制定专门的保护措施。

2. 工程建设场地内原有树木情况

（1）须移栽到指定地点：安排有资质的队伍合理移栽。

（2）须就地保护：制定就地保护专门措施。

（3）须暂时移栽，竣工后移栽回现场：安排有资质的队伍合理移栽。

3. 工程建设场地周边地下管线及设施分布情况

制定相应的保护措施，并考虑施工时是否可以借用，以避免重复施工。

4. 竣工后规划道路的分布和设计情况

施工道路的设置尽量跟规划道路重合，并按规划道路路基设计进行施工，避免重复施工。

5. 竣工后地下管网的分布和设计情况

特别是排水管网。建议一次性施工到位，施工中提前使用，避免重复施工。

6. 本工程是否同为绿色建筑工程

如果是，考虑某些绿色建筑设施，如雨水回收系统等提前建造，施工中提前使用，避免重复施工。

7. 距施工现场500km范围内主要材料分布情况

虽然有公司提供的材料供应建议，但项目部仍需要根据工程预算材料清单，对主要材料的生产厂家进行摸底调查，距离太远的材料考虑运输能耗和损耗，在不影响工程质量、安全、进度、美观等前提下，可以提出设计变更建议。

8. 相邻建筑施工情况

施工现场周边是否有正在施工或即将施工的项目，从建筑垃圾处理、临时设施周转、材料衔接、机械设备协同作业、临时或永久设施共用、土方临时堆场借用甚至临时绿化移栽等方面考虑是否可以合作。

9. 施工主要机械来源

根据公司提供的机械设备选型建议，结合工程现场周边环境，规划施工主要机械的来源，尽量减少运输能耗，以最高效使用为基本原则。

10. 其他

（1）设计中是否有某些构配件可以提前施工到位，在施工中运用，避免重复施工。

例如，高层建筑中消防主管提前施工并保护好，用作施工消防主管，避免重复施工；地下室消防水池在施工中用作回收水池，循环利用楼面回收水等。

（2）卸土场地或土方临时堆场：考虑运土时对运输路线环境的污染和运输能耗等，距离越近越好。

（3）回填土来源：考虑运土时对运输路线环境的污染和运输能耗等，在满足设计要求前提下，距离越近越好。

（4）建筑、生活垃圾处理：联系好回收和清理部门。

（5）构件、部品工厂化的条件：分析工程实际情况，判断是否可能采用工厂化加工的构件或部品；调查现场附近钢筋、钢材集中加工成型，结构部品化生产，装饰装修材料集中加工，部品生产的厂家条件。

三、绿色施工专项方案

在进行充分调查后，项目部应对绿色施工制订总体规划，并根据规划内容编制绿色施工专项施工方案。

（一）绿色施工专项方案主要内容

绿色施工专项方案是在工程施工组织设计的基础上，对绿色施工有关的部分进行具体和细化，其主要内容应包括：

1. 绿色施工组织机构及任务分工。

2. 绿色施工的具体目标。

3. 绿色施工针对"四节一环保"的具体措施。

4. 绿色施工拟采用的"四新"技术措施。

5. 绿色施工的评价管理措施。

6. 工程主要机械、设备表。

7. 绿色施工设施购置（建造）计划清单。

8. 绿色施工具体人员组织安排。

9. 绿色施工社会经济环境效益分析。

10. 施工现场平面布置图等。

其中：

1. 绿色施工针对"四节一环保"的具体措施，可以参照《建筑工程绿色施工评价标准》和《绿色施工导则》的相关条款，结合工程实际情况，选择性采用。

2. 绿色施工拟采用的"四新"技术措施可以是《建筑业十项新技术》，"建设事业推广应用和限制禁止使用技术公告""全国建设行业科技成果推广项目"以及本地区推广的先进适用技术等，如果是未列入推广计划的技术，则需要另外进行专家论证。

3. 主要机械、设备表须列清楚设备的型号、生产厂家、生产年份等相关资料，以方便审查方案时判断是否为国家或地方限制、禁止使用的机械设备。

4. 绿色施工设施购置（建造）计划清单，仅包括为实施绿色施工专门购置（建造）的设施，对原有设施的性能提升，应只计算增值部分的费用；多个工程重复使用的设施，应计算其分摊费用。

5. 绿色施工具体人员组织安排应具体到每一个部门、每一个专业、每一个分包队伍的绿色施工负责人。

6. 施工现场平面布置图应考虑动态布置，以达到节地的目的，多次布置的应提供每一次的平面布置图，布置图上要求将噪声监测点、循环水池、垃圾分类回收池等绿色施工专属设施标注清楚。

（二）绿色施工专项方案审批要求

绿色施工专项方案要求严格按项目、公司两级审批。一般由绿色施工专职施工员进行编制，项目技术负责人审核后，报公司总工程师审批，只有审批手续完整的方案才能用于指导施工。

绿色施工专项方案有必要时，考虑组织专家论证。

第三节 绿色施工目标管理

一、绿色施工目标值的确定

绿色施工的目标值应根据工程拟采用的各项措施，结合《绿色施工导则》《建筑工程绿色施工评价标准》《建筑工程绿色施工规范》等相关条款，在充分考虑施工现场周边环境和项目部以往施工经验的情况下确定。

目标值应该从粗到细分为不同层次，可以是总目标下规划若干分目标，也可以将一个一级目标拆分成若干二级目标，形式可以多样，数量可以多变，每个工程的目标值应该是一个科学的目标体系，而不仅是简单的几个数据。

绿色施工目标体系确定的原则是：因地制宜、结合实际、容易操作、科学合理。

因地制宜——目标值必须是结合工程所在地区实际情况制定的。

结合实际——目标值的设置必须充分考虑工程所在地的施工水平、施工实施方的实力和施工经验等。

容易操作——目标值必须清晰、具体，一目了然，在实施过程中，方便收集对应的实际数据与其对比。

科学合理——目标值应该是在保证质量、安全的基本要求下，针对"四节一环保"提出的合理目标，在"四节一环保"的某个方面相对传统施工方法有更高要求的指标。

项目实施过程中的绿色施工目标控制采用动态控制的原理。

动态控制的具体方法是在施工过程中对项目目标进行跟踪和控制。收集各个绿色施工控制要点的实测数据，定期将实测数据与目标值进行比较。当发现实施过程中的实际情况与计划目标发生偏离时，及时分析偏离原因，确定纠正措施，采取纠正行动。对纠正后仍无法满足的目标值进行论证分析，及时修改，设立新的更适宜的目标值。

在工程建设项目实施中如此循环，直至目标实现为止。项目目标控制的纠偏措施主要有组织措施、管理措施、经济措施和技术措施等。

二、绿色施工目标管理内容

绿色施工的目标管理按"四节一环保"及效益六个部分进行，应该贯穿到施工策划、施工准备、材料采购、现场施工、工程验收等各个阶段的管理和监督之中。

现阶段项目绿色施工各项指标的具体目标值结合《绿色施工导则》《建筑工程绿色施工评价标准》《建筑工程绿色施工规范》等相关条款，可按表 7-3、7-4 结合工程实际选择性设置，其中参考目标数据是根据相关规范条款和实际施工经验提出，仅做参考。

表 7-3　环境保护目标管理

主要指标	须设置的目标值		参考的目标数据
建筑垃圾产量	产量小于＿＿＿t		每万平方米建筑垃圾不超过 400t
建筑垃圾再利用率	建筑垃圾再利用率达到＿＿＿		再利用率和再回收率达到 30%
碎石类、土石方类建筑垃圾再利用率	碎石类、土石方类建筑垃圾再利用率达到＿＿＿%		碎石类、土石方类建筑垃圾再利用率大于 50%
有毒有害废物分类率	有毒有害废物分类率达到＿＿＿		有毒有害废物分类率达到 100%
噪声控制	昼间<70dB，夜间<55dB		根据《建筑施工场界环境噪声排放标准》，昼间<70dB，夜间<55dB
水污染控制	pH 值达到＿＿＿		pH 值应在 6～9 之间
光污染控制	达到环保部门规定		达到环保部门规定，周围居民投诉
主要指标	预算损耗值	目标损耗值	参考的目标数据
钢材	＿＿＿t	＿＿＿t	材料损耗率比定额损耗率降低 30%
商品混凝土	＿＿＿m^3	＿＿＿m^3	材料损耗率比定额损耗率降低 30%
木材	＿＿＿m^3	＿＿＿m^3	材料损耗率比定额损耗率降低 30%
模板	平均周转次数为＿＿＿次	平均周转次数为＿＿＿次	
围挡等周转设备（料）	/	重复使用率＿＿＿%	重复使用率>70%

表7-4 节水与水资源利用目标管理

主要指标	预算损耗值	目标损耗值	参考的目标数据
钢材	___ t	___ t	材料损耗率比定额损耗率降低30%
商品混凝土	___ m³	___ m³	材料损耗率比定额损耗率降低30%
木材	___ m³	___ m³	材料损耗率比定额损耗率降低30%
模块	平均周转次数 为___次	平均周转次数 为___次	
围挡等周转设备（料）	/	重复使用率___%	重复使用率270%
工具式定型模板	/	使用面积___m³	使用面积不小于模板工程总面积的50%
其他主要建筑材料			材料损耗率比定额损耗率降低30%
就地取材≥500km以内	/	占总量的___%	占总量的≥70%
建筑材料包装物回收率	/	建筑材料包装物回收率___%	建筑材料包装物回收率100%
预拌砂浆	/	___m³	超过砂浆总量的50%
钢筋工厂化加工	/	___t	80%钢筋采用工厂化加工

第四节 绿色施工实施管理

绿色施工专项方案和目标值确定之后，进入项目的实施管理阶段，绿色施工应对整个过程实施动态管理，加强对施工策划、施工准备、现场施工、工程验收等各阶段的管理和监督。

绿色施工的实施管理其实质是对实施过程进行控制，以达到规划所要求的绿色施工目标。通俗地说就是为实现目的进行的一系列施工活动。作为绿色施工工程，在其实施过程中，主要强调以下几点：

一、建立完善的制度体系

"没有规矩，不成方圆。"绿色施工在开工前应制订详细的专项方案，确立具体的各项目标，在实施工程中，要采取一系列的措施和手段，确保按方案施工，最终满足目标要求。

二、配备全套的管理表格

绿色施工应建立整套完善的制度体系，通过制度，既约束不绿色的行为又指定应该采取的绿色措施，而且，制度也是绿色施工得以贯彻实施的保障体系。

绿色施工的目标值大部分是量化指标，因此在实施过程中应该收集相应的数据，定期将实测数据与目标值进行比较，及时采取纠正措施或调整不合理目标值。

另外，施工管理是一个过程性活动，随着工程的竣工，很多施工措施将消失不见，为了考核绿色施工效果，见证绿色施工效益，及时发现存在的问题，要求针对每一个绿色施工管理行为制定相应的管理表格，并在施工中监督填制。

三、营造绿色施工氛围

目前，绿色施工理念还没有深入人心，很多人并没有完全接受绿色施工概念，绿色施工实施管理，首先应该纠正职工的思想，努力让每一个职工把节约资源和保护环境放到一个重要的位置上，让绿色施工成为一种自觉行为。要达到这个目的，结合工程项目特点，有针对性地对绿色施工做相应的宣传，通过宣传营造绿色施工的氛围非常重要。

绿色施工要求在现场施工标牌中增加环境保护的内容，在施工现场醒目位置设置环境保护标志。

四、增强职工绿色施工意识

施工企业应重视企业内部的自身建设，使管理水平不断提高，不断趋于科学合理，并加强企业管理人员的培训，提高他们的素质和环境意识。具体应做到：

第一，加强管理人员的学习，然后由管理人员对操作层人员进行培训，增强员工的整体绿色意识，增加员工对绿色施工的承担和参与。

第二，在施工阶段，定期对操作人员进行宣传教育，如黑板报和绿色施工宣传小册子等，要求操作人员严格按已制定的绿色施工措施进行操作，鼓励操作人员节约水电，节约材料，注重机械设备的保养，注意施工现场的清洁，文明施工，不制造人为污染。

五、借助信息化技术

绿色施工实施管理可以借助信息化技术作为协助实施手段，目前施工企业信息化建设越来越完善，已建立了进度控制、质量控制、材料消耗、成本管理等信息化模块，在企业信息化平台上开发绿色施工管理模块，对项目绿色施工实施情况进行监督、控制和评价等工作能起到积极的辅助作用。

第五节　绿色施工评价管理

绿色施工管理体系中应该有自评价体系。根据编制的绿色施工专项方案，结合工程特点，对绿色施工的效果及采用的新技术、新设备、新材料和新工艺进行自评价。自评价分项目自评价和公司自评价两级，分阶段对绿色施工实施效果进行综合评价，根据评价结果对方案、措施以及技术进行改进、优化。

一、绿色施工项目自评价

项目自评价由项目部组织，分阶段对绿色施工各个措施进行评价，自评价办法可以参照《建筑工程绿色施工评价标准》进行。

绿色施工自评价一般分三个阶段进行，即地基与基础工程、结构工程、装饰装修与机电安装工程阶段。原则上每个阶段不少于一次自评，且每个月不少于一次自评。

绿色施工自评价分层次有：绿色施工要素评价、绿色施工批次评价、绿色施工阶段评价等。

1. 绿色施工要素评价

绿色施工的要素按"四节一环保"分五大部分，绿色施工要素评价就是按这五大部分分别制表进行评价，参考评价见表7-5。

表 7-5　绿色施工要素评价表

工程名称		编号	
		填表日期	
施工单位		施工阶段	
评价指标		施工部位	
控制项	采用的必要措施		评价结论
一般项	采用的可选措施	计分标准	实得分

续表

优选项	采用的加分措施		计分标准	实得分
评价结论				
签字栏	建设单位		监理单位	施工单位

填表说明：①施工阶段填"地基与基础工程""结构工程"或"装饰装修与机电安装工程"；②评价指标填"环境保护""节材与材料资源利用""节水与水资源利用""节能与能源利用""节地与土地资源保护"；③采用的必要措施（控制项）指该评价指标体系内必须达到的要素，如果没有达到，一票否决；④采用的可选措施（一般项）指根据工程特点，选用的该评价指标体系内可以做到的要素，根据完成情况给予打分，完全做到给满分，部分做到适当给分，没有做不得分；⑤采用的加分措施（优选项）指根据工程特点选用的"四新"技术、经论证的创新技术以及较现阶段绿色施工目标有较大提高的措施，如建筑垃圾回收再利用率大于50%等。

计分标准建议按100分制，必要措施（控制项）不计分，只判断合格与否；可选措施（一般项）根据要素难易程度、绿色效益情况等按100分进行分配，这部分分配在开工前应该完成；加分措施（优选项）根据选用情况适当加分。

2. 绿色施工批次评价

将同一时间进行的绿色施工要素评价进行加权统计，得出单次评价的总分，参考评价表见表7-6。

表7-6 绿色施工批次评价汇报表

工程名称		编号	
		填表日期	
评价阶段			
评价要素	评价得分	权重系数	实得分
环境保护		0.3	

节材与材料资源利用		0.2	
节水与水资源利用		0.2	
节能与能源利用		0.2	
节地与施工用地保护		0.1	
合计		1	
评价结论	1. 控制项： 2. 评价得分： 3. 优选项： 结论_____		

签字栏	建设单位	监理单位	施工单位

填表说明：①施工阶段与进行统计的"绿色施工要素评价表"一致；②评价得分指"绿色施工要素评价表"中"采用的可选措施（一般项）"的总得分，不包括"采用的加分措施（优选项）"得分，该部分在评价结论处单独统计；③权重系数根据"四节一环保"在施工中的重要性，参照《建筑工程绿色施工评价标准》给定；④评价结论栏，控制项填是否全部满足；评价得分根据上栏实得分汇总得出；优选项将五张"绿色施工要素评价表"优选项累加得出；⑤绿色施工批次评价得分等于评价得分加优选项得分。

3. 绿色施工阶段评价

将同一施工阶段内进行的绿色施工批次评价进行统计，得出该施工阶段的平均分，参考评价表见表7-7。

表7-7 绿色施工阶段评价汇总表

工程名称		编号 填表日期	
评价阶段			
评价批次	批次得分	评价批次	批次得分
1		9	
2		10	
3		11	

4		12	
5		13	
6		14	
7		15	
8		……	
小计			

填表说明：评价阶段分"地基与基础工程""结构工程""装饰装修与机电安装工程"，原则上每阶段至少进行一次施工阶段评价，且每个月至少进行一次施工阶段评价。

二、绿色施工公司自评价

在项目实施绿色施工管理过程中，公司应对其进行评价。评价由专门的专家评估小组进行，原则上每个施工阶段都应该进行至少一次公司评价。

绿色施工评价是推广绿色施工工作中的重要一环，只有真实、准确、及时地对绿色施工进行评价，才能了解绿色施工的状况和水平，发现其中存在的问题和薄弱环节，并在此基础上进行持续改进，使绿色施工的技术和管理手段更加完善。

第八章　绿色建筑工程的管理策略

第一节　可再生资源的合理利用

一、区域能源规划

综合资源规划方法是在世界能源危机以后，20 世纪 80 年代初首先在美国发展起来的一种节约能源、改善环境、发展经济的有效手段。需求侧管理的实施，引起对传统的能源规划方法的反思，将需求侧管理的思想与能源规划结合，就产生了全新的"综合资源规划"（Integrated Resource Planning，IRP）方法。

（一）综合资源规划的思想

综合资源规划是除供应侧资源外，把资源效率的提高和需求侧管理也作为资源进行资源规划，提供资源服务，通过合理地利用供需双方的资源潜力，最终达到合理利用能源、控制环境质量、社会效益最大化的目的。IRP 方法的核心是改变过去单纯以增加资源供给来满足日益增长的需求的思维定式，将提高需求侧的能源利用率而节约的资源统一作为一种替代资源看待。

与传统的"消费需求—供应满足"规划方法不同，IRP 方法不是一味地采取扩容和扩建的措施来满足需求，而是综合利用各种技术提高能源利用率。

把节约能量、需求侧管理、可再生能源，以及分散的和未利用能源作为潜在能源来考虑。另外，把对环境和社会的影响纳入资源选择的评价与选择体系。IRP 方法带来了资源的市场或非市场的变化，其期望的结果是建立一个合理的经济环境，以此来发展和利用末端节能技术、清洁能源、可再生能源和未利用能源。与传统方法相比，由于包含了环境效益和社会效益的评价，综合资源规划方法更显示出其强大生命力。

（二）综合资源规划思想在建筑能源规划中的应用

建筑能源规划是建筑节能的基础，在规划阶段就应该融合进节能的理念，建筑节能应从规划做起。目前，我国城市（区域）建筑能源规划中，仍是传统的规划方法，其特点是：第一，在项目的选择和选址中以经济效益为先，例如地价和将来市场前景。第二，在考虑能源系统时，指导思想是"供应满足消费需求"。采取扩容和扩建的措施，扩大供给、满足需求，从而成为一种"消费—供应—扩大消费—扩大供应"的恶性循环，在总体规划上，重能源生产、轻能源管理。第三，在预测需求时，一般按某个单位面积负荷指标，乘以总建筑面积，往往还要再按大于1的安全系数放大。负荷偏大是我国多个区域供冷项目和冰蓄冷项目经济效益差的主要原因。第四，如果在区域规划中不考虑采用区域供冷或热电冷联供系统，规划中就会把空调供冷摒弃在外。随着全球气候变化和经济发展，空调已经成为公共建筑建设中重要的基础设施。我国城市中越来越大的空调用电负荷成为城市管理中无法回避的问题。第五，区域规划中对建筑节能没有"额外"要求，只要执行现行的建筑节能设计标准就都是节能建筑。实际上，执行设计标准只是建筑节能的底线，是最低的入门标准，设计达标是最起码的要求。

因此，在建筑能源规划中如要克服以上的不足或缺点，必须寻求更为合理的规划方法，综合资源规划方法就为建筑能源规划提供了很好的思路。

IRP方法与传统规划方法的区别在于：第一，IRP方法的资源是广义的，不仅包括传统供应侧的电厂和热电站，还包括需求侧采取节能措施节约的能源和减少的需求，可再生能源的利用，余热、废热以及自然界的低品位能源，即所谓"未利用能源"。第二，IRP方法中资源的投资方可以是能源供应公司，也可以是建筑业主、用户和任何第三方，即IRP实际意味着能源市场的开放。第三，正因为IRP方法涉及多方利益，因此区域能源规划不再只是能源公司的事，而应该成为整体区域规划中的一部分。第四，传统能源规划是以能源供应公司利益最大化为目标，而IRP方法不仅要考虑经济效益的"多赢"，还要考虑环境效益、社会效益和国家能源战略的需要。

应用IRP方法和思路，区域建筑能源规划可以分为以下步骤：

1. 设定节能目标

在区域能源规划前，首先要设定区域建筑能耗目标，以及该区域环境目标。这些目标主要有：①低于本地区同类建筑能耗平均水平；②低于国家建筑节能标准的能耗水平；③区域内建筑达到某一绿色建筑评估等级，例如，我国绿色建筑评估标准中的"一星、二星、三星"等级；④根据当地条件，确定可再生能源利用的比例；⑤该区域建成后的温室气体减排量。

2. 区域建筑可利用能源资源量的估计

区域建筑能源规划的第一步，是对本区域可供建筑利用的能源资源量进行估计，这些资源包括：①来自城市电网、气网和热网的资源量；②区域内可获得的可再生能源资源量，如太阳能、风能、地热能和生物质能；③区域内可利用的未利用能源，即低品位的排热、废热和温差能，如江河湖海的温差能、地铁排热、工厂废热、垃圾焚烧等；④由于采取了比节能设计标准更严格的建筑节能措施而减少的能耗；⑤采用区域供热供冷系统时，由于负荷错峰和考虑负荷参差率而降低的能耗。

3. 区域建筑热电冷负荷预测

负荷预测是需求侧规划的起点，在整个规划过程中起着至关重要的作用，由于负荷预测的不准确导致的供过于求与供应不足的状况都会造成能源和经济的巨大损失，所以负荷预测是区域建筑能源规划的基础，负荷预测不准确，区域能源系统如建立在沙滩上的楼阁。区域建筑能源需求预测包括建筑电力负荷预测和建筑冷热负荷预测两部分。

4. 需求侧建筑能源规划

在基本摸清资源和负荷之后，首先要研究需求侧的资源能够满足多少需求。根据区域特点，要考虑资源的综合利用和协同利用，以最大限度利用需求侧资源。综合利用的基本方式是：①一能多用和梯级利用；②循环利用；③废弃物回收。综合利用中必须考虑是否有稳定和充足的资源量，综合利用的经济性，以及综合利用的环境影响，不能为"利用"而利用。

5. 能源供应系统的优化配置

能源规划最重要的一步是能源的优化配置，这是进行能源规划的关键意义所在。应用IRP方法进行建筑能源的优化配置时，需求侧的资源，如可利用的可再生能源、未利用能源、在区域级别上的建筑负荷参差率，以及实行高于建筑节能标准而得到的负荷降低率等；以及供应侧的资源，如来自城市电网、气网和热网的资源量等，两者结合起来共同组成建筑能源供应系统，其中需求侧的资源可视为"虚拟资源"或"虚拟电厂"，改变了传统能源规划中"按需供给"，即有多少需求就用多少传统能源（矿物能源）来满足的做法。

6. 实行比国家标准节能率更高的区域建筑节能标准

制定区域节能标准可以在国家标准的基础上从以下几个方面入手：①将国家标准中的非强制性条款变为强制性。②提高耗能设备的能效等级，即在产品招投标中设置能效门槛。③制定本区域的建筑能耗限值。④根据区域建成后的管理模式，制定有利于能源管理的技术措施（如分系统能耗计量），并作为设计任务下达，改变过去建筑设计与管理脱节的现象。⑤根据区域特点，制定本区域建筑可再生能源利用的技术导则。

7. 区域开发中的全程节能管理

区域开发中应当通过全程管理实现节能目标。首先，是能源规划的听证和公众参与制度；其次，可以通过商业化模式及融资和合同能源管理引进外部资源来建设区域能源系统，采用何种运作模式将在很大程度上影响能源系统的方案。

（三）区域能源负荷预测

1. 电力负荷预测

电力负荷预测是电网规划的基础性工作，其实质是利用以往的数据资料找出负荷的变化规律，从而预测出未来时期电力负荷的状态及变化趋势。电力负荷预测根据提前时间的长短可分为短期负荷预测和中长期负荷预测。对于不同的预测其方法也不相同，目前常用的预测方法主要是经典预测方法和现代预测方法。经典预测方法主要包括指数平滑法、趋势外推法、时间序列法和回归分析法；而现代预测方法主要有灰色系统方法、小波分析法、专家系统方法、神经网络和模糊分析方法等，特别是神经网络和模糊分析得到了充分的应用。

2. 建筑冷热负荷预测

单体建筑负荷预测方法有很多种，如数值模拟方法、气象因素相关分析、神经元网络、小波分析法等。数值模拟方法通过设定建筑围护结构、气候因素和室内人员设备密度等参数，确定合理的计算模式，最终可以得到建筑物的逐时负荷，现在常用的模拟软件有Energy Plus、Dest、DOE-2 等。气象因素相关分析方法是通过分析建筑能耗随着气候参数的变化规律来预测建筑负荷，需要有大量的调查和测量数据作为基础。

正确的区域冷热负荷预测应采用情景分析方法，即用典型的气候条件、建筑物使用时间表、内部负荷强度的不同组合，用建筑能量分析软件得出几种情景负荷，并确定峰荷、腰荷和基荷。进一步分析各情景负荷的出现概率，最终确定区域的典型负荷曲线。有了负荷分布，才能合理分配负荷，掌握系统的冗余率和不保证率，并与能源系统的运行率相匹配，取得最大的效益。

在负荷分布确定过程中，必须对区域内未来影响负荷分布的因素进行预测分析，这些因素包括：

（1）建筑形式（空间布局、高度、朝向、围护结构）。

（2）园区环境（日照、风环境、水资源、污染）。

（3）进入园区的产业工艺能耗特点，例如：高科技产业将传统产业工艺能耗转化为建筑能耗；高星级酒店多能耗品种需求；外包服务产业能耗的连续性（24 h 营业）；是否能形成生物质能源利用的循环链。

（4）与区域或城市规划方案以及"大能源"的协调。

（5）与室内环境方案的协调（室内供冷供热系统需要的参数）。

（6）能源系统的管理和运作模式（是否采用合同能源管理模式，冷量、热量的合理价格等）。

（四）区域资源可利用量分析

作为综合资源规划的一个组成部分，能源资源估计的目的在于为能源规划者提供关于可取得的能源资源的数量和成本的信息。能源资源可利用量分析必须使能源规划者取得一些数据供综合资源规划之用，这些数据可以归纳为如下一些问题：

1. 目前可得的能源资源总量

对于非再生能源，应是公用事业部门所提供的能源总量及其禀赋（如提供的电压等级）；对于可再生能源，则是每年（或一定周期内）在一定范围内可收集的量值。可以利用地理信息系统（GIS）、遥感等现代化手段对区域内资源进行评估。

2. 资源的增加（减少）速率

对于非再生能源，这一速率应根据当地总体的能源发展规划；对于可再生能源，应是根据技术开发程度和当地土地利用和产业结构的远景规划而定。

3. 资源的年生产能力

资源的年生产能力即每年（或一定周期内）能取得供使用的能源量，它涉及各种制约条件及政策因素对生产率的影响。比如，规划区域内能够利用的太阳能集热面积、太阳能建筑一体化与区域内建筑设计的协调、区域内可提供的土壤源热泵的埋管面积、可再生电力并网或上网的政策等，以便提出最大可利用资源量。

4. 资源成本

涉及每单位能源的生产成本。由于可再生能源与非再生能源的区别，在估计可再生能源时，必须考虑可提供的资源量、资源生产率和资源生产的经济性问题。

（五）区域能源系统的选择

1. 节能效果

能源系统的节能特性是选择能源系统的最重要评价指标之一。虽然不同的能源系统所使用的能源形式可能有所差别，比如，蒸汽压缩式制冷采用二次能源电力作为投入能源，而蒸汽吸收式制冷以天然气或重油等一次能源作为投入能源（也有利用废热的情况），但可以将不同类型的投入能源均转换为一次能源的标准煤作为基准，对比不同系统的相对节能特性。此外，还要考虑系统的用能效率。实现能源利用的三"R"，即 Reduce（减量化）、Reuse（再利用）、Recycle（循环利用）原则；实现能源的多种利用（多联产）、梯级利用和热回收。

2. 经济合理

能源系统运行费用是建筑物主要的经常性支出之一，因此区域能源系统的选择必须进行经济分析和比较，系统在寿命周期内运行费用的经济合理是衡量能源系统的重要指标。由于能源的费用随供求关系的变动较大，所以经济性分析不但要考虑能源的当前价格，而且对其可能的价格变化趋势进行敏感性分析。对于商业化的区域供冷、供热或热电冷联供系统，必须考虑其热价、冷价能够被用户接受，即用户所负担的热价和冷价必须比它自己经营供冷、供热系统要便宜；还应考虑投资回报，以及在区域开发之初由于入住率低而造成的经营亏损。

3. 环保因素

能源系统的污染物排放和温室气体排放也是重要的评价指标。一般而言，使用电力等二次能源的系统可以在用户侧获得较好的环保效果，但在对比不同系统环保效果时，还需要折算能源利用在一次侧（如电厂）所造成的污染情况。环境问题已经成为全球化的问题，在当今世界任何区域都不可能将污染留给他人而独善其身。

4. 资源因素

区域能源系统的投入能源应该尽量因地制宜地采用当地容易获得的资源，避免能源的长距离输送，减少对外部能源的依赖，以提高能源系统的可靠性。

5. 决策理论

对于能源系统的优选，可以借助决策理论来进行。由于能源系统的选择一般要考虑多种限制因素，属于多目标决策，较常用的方法有层次分析法、线性规划方法、模糊方法等，这些决策理论的基本原理虽不尽相同，但都可以实现对影响因素进行赋值或量化，并能对比不同能源系统方案在多种影响因素下总的效果。

二、太阳能与建筑一体化应用技术

（一）太阳能热水系统

1. 太阳能热水系统分类

太阳能热水系统一般包括太阳能集热器、储水箱、循环泵、电控柜和管道等。太阳能热水系统按照其运行方式可分为自然循环式、自然循环定温放水式、直流式和强制循环式四种基本形式。目前，我国家用太阳能热水器和小型太阳能热水系统多采用自然循环式，而大中型太阳能热水系统多采用强制循环式或定温放水式。另外，无论家用太阳能热水器或公用太阳能热水系统，绝大多数都采用直接加热的循环方式，即集热器内被加热的水直接进入储水箱提供使用。

完全依靠太阳能为用户提供热水，从技术上讲是可行的，条件是按最冷月份和日照条件最差的季节设计系统，并考虑充分的热水储存，这样的系统须设置较大的储水箱，初投资也很大，大多数季节要产生过量的热水，造成不必要的浪费。较经济的方案是：太阳能热水系统和辅助热源相结合，在太阳辐照条件不能满足制备足够热水的条件下，使用辅助热源予以补充。常用的辅助热源形式有电加热、燃气加热以及热泵热水装置等。电辅助加热方式具有使用简单、容易操作等优点，也是目前采用最多的一种辅助热源形式，但对水质和电热水器都有较高要求。在有城市燃气的地方，太阳能热水器还可以和燃气热水器配合使用，充分满足热水供应需求。在我国南方地区，宜优先考虑高效节能的空气源热泵热水器作为太阳能热水系统的辅助加热装置。

2. 建筑一体化太阳能热水系统的内涵

建筑作为人类的基本生存工具和文化体现，是一个复杂的系统，一个完整的统一体。将太阳能技术融入建筑设计中，同时继续保持建筑的文化特性，就应该从技术和美学两方面入手，使建筑设计与太阳能技术有机结合，将太阳能集热器与建筑整合设计并实现整体外观的和谐统一。这就要求在建筑设计中，将太阳能热水系统包含的所有内容作为建筑元素加以组合设计，设置太阳能热水系统不应破坏建筑物的整体效果。为此，建筑设计要同时考虑两个方面的问题：一是太阳能在建筑上的应用对建筑物的影响，包括建筑物的使用功能、围护结构的特性、建筑体形和立面的改变；二是太阳能利用的系统选择，太阳能产品与建筑形体的有机结合。

当采用一体化技术时，太阳能系统成为建筑设计的一部分，这样可以提高系统的经济性，太阳能部件不能作为孤立部件，至少在建筑设计阶段应该加以考虑。而更加合理的做法是利用太阳能部件取代某些建筑部件，使其发挥双重功能、降低总的造价。具体而言，太阳能集热器与建筑一体化的优点如下：

（1）建筑的使用功能与太阳能集热器的利用有机结合在一起，形成多功能的建筑构件，巧妙高效地利用空间，使建筑向阳面或屋顶得以充分利用。

（2）同步规划设计，同步施工安装，节省太阳能系统的安装成本和建筑成本，一次安装到位，避免后期施工对用户生活造成的不便以及对建筑已有结构的损害。

（3）综合使用材料，降低总造价，减轻建筑载荷。

（4）综合考虑建筑结构和太阳能设备协调和谐，构造合理，使太阳能系统和建筑融合为一体，不影响建筑的外观。

（5）如果采用集中式系统，还有利于平衡负荷和提高设备的利用效率。

（6）太阳能的利用与建筑相互促进、共同发展。

3. 建筑一体化太阳能热水系统设计途径

太阳能集热器与建筑一体化不完全是简单的形式观念，关键是要改变现有建筑的内在运行系统。具体的设计原则可以表述为：吸取技术美学的手法，体现各类建筑的特点，强调可识别性，利用太阳能构件为建筑增加美学趣味。

目前，太阳能热水系统与建筑一体化常见的做法是将太阳能集热器与南向坡屋面一体化安装，蓄热水箱隐蔽在屋面下的阁楼空间或放在其他房间。通过屋面的合理设计，太阳能集热器可以采用明装式、嵌入式、半嵌式等方法直接安装在屋面，其中，嵌入式安装的一体化效果最好，但在建筑结构设计中需要考虑好防水等问题。

安装在屋面上的太阳能集热器存在着连接管道较长，热损失大的缺陷；上屋面检查或维护较为困难，如果没有统一设计，就会破坏建筑形象。此外，对于大多数多层尤其高层建筑来说，有限的屋面面积难以满足用户的热水需求，从而阻碍了太阳能热水系统的推广应用。因此，开发研究新的太阳能建筑一体化方案已成为城市推广利用太阳能的必然趋势。可行的方法是在南立面布置太阳能集热器，形成有韵律感的连续立面，包括外墙式（平板式太阳能集热器与南向玻璃幕墙一体化）、阳台式以及雨篷式。

(二) 太阳能制冷系统

1. 太阳能制冷的途径

近年来，太阳能热水器的应用发展很快，这种以获取生活热水为主要目的的应用方式其实与大自然的规律并不完全一致。当太阳辐射强、气温高的时候，人们更需要的是空调制冷而不是热水，这种情况在我国南方地区尤为突出。随着经济的发展和人民生活水平的提高，空调的使用越来越普及，由此给能源、电力和环境带来很大的压力。因此，利用取之不尽、清洁的太阳能制冷是一个理想的方案，可使太阳能得到更充分、更合理的利用，并利用低品位的太阳能为舒适性空调提供制冷，对节省常规能源、减少环境污染、提高人民生活水平具有重要意义，符合可持续发展战略的要求。

实现太阳能制冷有两条途径：一是太阳能光电转换，利用电力制冷；二是太阳能光热转换，以热能制冷。前一种方法成本高，以目前太阳能电池的价格来算，在相同制冷功率情况下，造价为后者的4~5倍。国际上，太阳能空调的应用主要是后一种方法。利用光热转换技术的太阳能空调一般通过太阳能集热器与除湿装置、热泵、吸收式或吸附式制冷机组相结合来实现。在太阳能空调系统中，太阳能集热器用于向再生器、蒸发器、发生器或吸附床提供所需要的热源，因而，为了使制冷机达到较高的性能系数（COP），应有较高的集热器运行温度。这对太阳能集热器的要求比较高，通常选用在较高运行温度下仍具有较高热效率的集热器。

2. 利用光热转换效应的太阳能制冷方式

（1）太阳能吸收式制冷系统

在热能制冷的多种方式中，以吸收式制冷最为普遍，国际上一般都采用溴化锂吸收式制冷机。太阳能吸收式制冷主要包括太阳能热利用系统以及吸收式制冷机组两大部分。太阳能热利用系统包括太阳能收集、转化以及储存等构件，其中最核心的部件是太阳能集热器。适用于太阳能吸收式制冷领域的太阳能集热器有平板集热器、真空管集热器、复合抛物面聚光集热器以及抛物面槽式等线聚焦集热器。吸收式制冷技术方面，从所使用的工质对角度看，应用广泛的有溴化锂-水和氨-水，其中溴化锂-水由于COP高，对热源温度要求低，没有毒性和对环境友好，因而占据了当今研究与应用的主流地位。从吸收式制冷循环角度看，主要有单效、双效、两级、三效以及单效/两级等复合式循环。目前应用较多的是太阳能驱动的单效溴化锂吸收式制冷系统。

（2）太阳能吸附式制冷系统

太阳能固体吸附式制冷是利用吸附制冷原理，以太阳能为热源，采用的工质对通常为活性炭-甲醇、分子筛-水、硅胶-水及氯化钙-氨等。利用太阳能集热器将吸附床加热用于脱附制冷剂，通过加热脱附—冷凝—吸附—蒸发等环节实现制冷。太阳能吸附式制冷具有以下特点：①系统结构及运行控制简单，不需要溶液泵装置。因此，系统运行费用低，也不存在制冷剂的污染、结晶或腐蚀等问题。②可采用不同的吸附工质对以适应不同的热源及蒸发温度。如采用硅胶-水吸附工质对的太阳能吸附式制冷系统可由 65℃～85℃ 的热水驱动，用于制取 7℃～20℃ 的冷冻水；采用活性炭-甲醇工质对的太阳能吸附制冷系统，可直接由平板或其他形式的吸附集热器吸收的太阳辐射能驱动。③系统的制冷功率、太阳辐射及空调制冷用能在季节上的分布规律高度匹配，即太阳辐射越强，天气越热，需要的制冷负荷越大时，系统的制冷功率也相应越大。④与吸收式及压缩式制冷系统相比，吸附式系统的制冷功率相对较小。受机器本身传热传质特性以及工质对制冷性能的影响，增加制冷量时，就势必增加吸附剂并使换热设备的质量大幅度增加，因而增加了初投资，机器也会显得庞大而笨重。此外，由于地面上太阳辐射的能流密度较低，收集一定量的加热功率通常需较大的集热面积。受以上两个方面因素的限制，目前研制成功的太阳能吸附式制冷系统的制冷功率一般较小。⑤由于太阳辐射在时间分布上的周期性、不连续性及易受气候影响等特点，太阳能吸附式制冷系统用于空调或冷藏等应用场合通常须配置辅助热源。

（三）建筑一体化光伏系统

1. 建筑一体化光伏系统概念

太阳能光伏发电可直接将太阳光转化成电能，光伏发电虽然应用范围遍及各行各业，但影响最大的是建材与建筑领域。20 世纪 90 年代，随着常规发电成本的上升和人们对环境保护的日益重视，一些国家开始将价格迅速下降的太阳能电池用于建筑。太阳能电池已经可以弯曲、盘卷，易于裁剪、安装、防风雨、清洁安全，可以取代建筑用涂料、瓷块、价格不菲的幕墙玻璃，可以作为节能墙体的外护材料。

建筑一体化光伏（BIPV）系统是应用光伏发电的一种新概念，是太阳能光伏系统与现代建筑的完美结合。建筑设计中，在建筑结构外表面铺设光伏组件提供电能，将太阳能发电系统与屋顶、天窗、幕墙等建筑融为一体，建造绿色环保建筑正在全球形成新的高潮。光伏与建筑相结合的优点表现在：（1）可以利用闲置的屋顶或阳台，不必单独占用土地。（2）不必配备蓄电池等储能装置，节省了系统投资，避免了维护和更换蓄电池的麻烦。（3）由于不受蓄电池容量的限制，可以最大限度地发挥太阳能电池的发电能力。（4）分散就地供电，不需要长距离输送电力输配电设备，也避免了线路损失。（5）使用方便，维护简单，降低了成本。（6）夏天用电高峰时，太阳辐射强度较大，光伏系统发电量较多，对电网起到调峰作用。

2. 光伏与建筑相结合的形式

（1）光伏系统与建筑相结合

将一般的光伏方阵安装在建筑物的屋顶或阳台上，通常其逆变控制器输出端与公共电网并联，共同向建筑物供电，这是光伏系统与建筑相结合的初级形式。

（2）光伏组件与建筑相结合

光伏组件与建筑材料融为一体，采用特殊的材料和工艺手段，将光伏组件做成屋顶、外墙、窗户等形式，可以直接作为建筑材料使用，既能发电又可作为建材，进一步降低发电成本。

与一般的平板式光伏组件不同，RIPV（屋顶一体化光伏）组件兼有发电和建材的功能，不仅满足建材性能的要求（如隔热、绝缘、抗风、防雨、透光、美观），还要具有足够的强度和刚度，不易破损，便于施工安装及运输等。为了满足建筑工程的要求，已经研制出多种颜色的太阳能电池组件，可供建筑师选择，使得建筑物色彩与周围环境更加和谐。根据建筑工程的需要，已经生产出多种满足屋顶瓦、外墙、窗户等性能要求的太阳能电池组件。其外形不仅有标准的矩形，还有三角形、菱形、梯形，甚至是不规则形状。也可以根据要求，制作成组件周围是无边框的，或者是透光的，接线盒可以不安装在背面而在侧面。

3. BIPV 对建筑围护结构热性能的影响

BIPV 对建筑围护结构的传热特性具有明显的影响，从而对建筑冷热负荷产生影响。光伏与通风屋面结合，不仅可以提高光伏转换效率，而且可以降低通过屋面传入室内的冷热负荷。

第二节　水资源的合理利用分析

一、建筑保水设计

（一）直接渗透设计

1. 绿地、被覆地或草沟设计

雨水渗透设计最直接的方法，就是保留自然土壤地面，亦即留设绿地、被覆地、草沟，作为雨水直接渗透的地面。绿地可让雨水渗入土壤，对土壤的微生物活动及绿化光合作用有很大帮助，同时植物的根部活动可以活化土壤、增加土壤孔隙率，对涵养雨水有所贡献，因此绿地属于最为自然、最环保的保水设计。被覆地就是地被、树皮、木屑、砾石所覆盖的地面，这些有机或无机覆盖物均有多孔隙特性，具备孔隙保水之功能，并且可防止灰尘与蒸发。草沟通常被用于无污染顾虑之庭园或广场之排水设计，是巧妙利用地形坡度来设计的自然排水路，是最佳的生态排水工法。为了防止尘土飞扬、土壤流失，并不鼓励直接裸露地面，裸露地被长期重压后会变成坚固不透水的地面。裸露地面、裸露道路应善用碎石、踏脚石、枕木等良好的覆盖设计，才能长久保持大地的水循环功能。

2. 透水铺面设计

透水铺面设计是满足人类活动机能与大地透水功能的双赢设计，尤其在高密度使用的都市空间是必要的生态措施。透水铺面就是表层及基层均具有良好透水性能的铺面，其表层通常由连锁砖、石块、水泥块、瓷砖块、木块、HDPE 格框（High Density Polyethylene，高密度聚乙烯）等硬质材料以干砌方式拼成，表层下的基层则由透水性良好的砂石级配构成。按照地面的承载力要求，表层材料及基层砂石级配的耐压强度有所不同，但绝不能以不透水的混凝土作为基层结构，以阻碍雨水的渗透。

有些人不了解透水铺面的功能，先以钢筋水泥作为打底的地面，然后在上面铺上连锁砖、彩虹石、乱石片，如此就完全失去大地透水的功能。为了判断透水铺面，可在下大雨后去观察地面的积水情形，可发现不透水的沥青水泥铺面常常积水不退，植草砖之类的透水地面则干爽宜人。人行步道与庭园小道更应该进行透水设计，尤其在没有高载的要求下，步道材质配合图案设计更可发挥美学之极致，许多利用木头、石块、卵石、水泥砖与绿地景观结合的透水铺面设计，不但可达到透水功能，更具有优美的庭园意境。

另外有整体型透水沥青混凝土铺面，是以沥青与粗细骨材的调整，将孔隙率提高至 20% 左右。透水性混凝土又称无细骨材混凝土，它可借由配比设计与施工控制来达成各种强度与透水性铺面要求，抗压强度在 200～2000 psi 之间，其渗透系数一般均大于 1.0×10^{-3}%。然而，这些高孔隙率铺面常因孔隙被泥浆、青苔等异物阻塞而降低透水性，因此定期清洗维护是很重要的。通常每年定期两至四次，以吸尘器与高压水柱冲洗来清洗，每次清洗后可恢复 70%～85% 透水性能。

3. 透水管路设计

在都市高密度开发地区，往往无法提供足够的裸露地及透水铺面来供雨水渗入，此时便需要人工设施来加速降水渗透地表下，目前较常用的设施可分为水平式"渗透排水管"、垂直式"渗透阴井"，以及具有大范围收集功能的"渗透沟"。所谓"渗透排水管"，是将基地降水集中于渗透排水管内后，再慢慢往土壤内渗入地表中，达到辅助渗入的效果。透水管的材料从早期的陶管、瓦管、多孔混凝土管、有孔塑料管进化为蜂巢管、网式渗透管、尼龙纱管、不织布透水管等，利用毛细现象将土壤中的水引导入管后，再缓缓排出。

"渗透阴井"与"渗透排水管"都是利用透水涵管来容纳土壤中饱和雨水，等待土壤中含水量降低时，再缓缓排出。"渗透阴井"属于垂直式辅助渗入设施，不仅有较佳的贮集渗透效果，亦可作为"渗透排水管"间之连接节点，可拦截排水过程中产生的污泥杂物，以利透水与透气特性定期清除来保持排水的通畅。"渗透阴井"可与"渗透排水管"配合，运用于各类运动场、公园绿地以及土壤透水性较差的建筑基地中。

"渗透沟"则是收集经由"渗透排水管"及"渗透阴井"所排出的雨水，以组成整个渗透排水系统，也可以单独使用于较大面积的排水区域边缘，来容纳较大水量，因此，"渗透沟"的管沟截断面积也较上述两者为大。在管沟材料的选择上，必须以多孔隙的透水混凝土为材料，或将混凝土管沟之沟壁与沟底设计为穿孔性构造以利雨水渗入。由于透水管路之孔隙很容易阻塞，必须设计好维修口、清理活塞、防污网罩等维护设施，同时必须定期清洗孔隙以防青苔、树叶、泥沙阻塞孔隙而失去透水功能。

（二）贮集溪道设计

"贮集渗透"就是让雨水暂时留置于基地上，然后再以一定流速在大地上进行水循环的方法。"贮集渗透"设计无非在于模仿自然大地的池塘、洼地、坑洞的多孔隙特性，以增加大地的雨水涵养能力。

"贮集渗透设计"最好的实例，就是兼具庭园景观与贮集渗透之双重功能的"景观渗透水池"，其做法通常将水池设计成高低水位两部分，低水位部分底层以不透水层为之，高水位部分四周则以自然渗透土壤设计做成，下大雨时可暂时贮存高低水位之间的雨水，然后让水慢慢渗入土壤，水岸四周通常种满水生植物作为景观庭园之一部分。阿姆斯特丹ABN银行总部的生态景观水池，其水面与岸面高差约1m，在大雨时水位会涨到高处的溢洪口，形成一个可吸纳都市洪峰的渗透型调节水池。

"贮集渗透设计"另外的实例，是专门考虑水渗透的功能，以渗透良好的运动场、校园、公园以及屋顶、广场，来作为贮集渗透池的方法。它平时为一般的活动空间，在下大雨时则可暂时贮存雨水，待雨水渗入地下后便恢复原有空间机能，是一种兼具防洪功能的生态透水设计。将车道旁的排水口设计置于车道分隔绿地之内，把车道的排水设计先导入绿地滋养绿地之后再排入都市雨水系统，是一个十分生态的贮集渗透设计。

二、建立节水型社会

（一）全球水资源危机

几千年来，缺水已成为危及世界粮食安全、人类健康和自然生态系统的最大问题。根据联合国"世界水资源发展报告"，世界 500 条最大河川中，逾半出现严重干涸及污染，全球 45 000 个大型水坝阻截了河流，拦住本应流入大海的 15% 河水，水库几乎占用了陆地面积的 1.0%，而一些尚未建坝的河川，已受害于全球温暖化而旱情恶化，甚至招致鱼类大量死亡，地球生态大灾难的脚步似乎越来越近。

根据国际水资源管理学会的研究，到 2025 年全球生活在干旱地区的 10 亿多人，将面临极度缺水，另有 3 亿多人将面临经济型缺水的问题。属于经济缺水的国家，分布在非洲撒哈拉沙漠以南，虽有足够的水资源，却没有资金进行大规模水利开发而缺水。这些严重经济缺水与绝对缺水的总人口占世界人口的三分之一。如果只依赖自然水源的话，到 2025 年，全世界 70 多亿人口中，至少有五分之二会面临缺水压力。

由于农民使用管井不停地汲取亚洲的地下储备水，大功率电泵以远超过雨水补给的速度抽取地下水，亚洲大陆地下水位正在大幅度下降，地下水资源有被抽干的危险。过去 10 年间打钻的管井多达数百万口，其中不少未受到官方任何管制。虽然钻井和电泵使不少国家的水稻、甘蔗等作物获得丰收，但这种繁荣注定是昙花一现，一些风景如画的地方未来有可能变得干旱贫瘠，甚至转变为沙漠。

（二）杜绝耗水型文化

人可以数日不进食，但不可一日无水喝。水资源丰富地区的民族，很难想象缺水地区人民在生活上的困苦。有水当思无水之苦，在偏远山区的民族常为了挑一缸水，必须行走数小时。在无自来水供应地区的人，常以水缸、地窖来储存屋顶、地面之雨水，以作为日常用水。在干旱地区，人们还利用塑料布或水泥地来引导深夜的空气凝结露水，以作为饮水或灌溉用水，显示缺水社会对于水资源的珍惜。

许多人误以为草坪有光合作用及吸收二氧化碳的功能，但事实上并非如此。植物进行光合作用来固定碳素的机制，通常系于叶面积与植物质量的成长。由于人工草坪一成长就立即修剪，叶面积完全无增加机会，其白天光合作用所制造的氧气，几乎为其夜间呼吸作用所抵消，完全丧失固定空气二氧化碳的功能。此外，维护草坪所耗费的能源，也远比维护灌木丛或树林来得高。为了改善此"耗水型文化"，当然首先要建立"节水型社会"，其中调整水价当然是最有效的节水方法，但从绿色建筑上来进行节水设计乃是十分有效的。例如在景观设计上，应避免设计耗水型水景与大草坪，只要将人工草坪与草花花圃改成乔灌木杂生之生态绿地，每公顷绿地每年大约可节省2800t的浇灌水量。又如只要建筑物全面使用节水器材，将可以在生活机能不受影响的情况下，轻易让每一个人省下20%的日常生活用水量。

三、绿色建筑节水设计

（一）采用节水器材

绿色建筑的节水设计中，最便宜又有效的方法为节水器材设计。在一般住宅用水调查中，卫浴厕所的用水比例约占总生活用水量的五成。过去许多建筑设计常采用不当的豪华耗水器材，因而造成很大的用水浪费，如这些用水器材可更换成省水器材，必能节省不少水量。以便器为例，10年前传统的大便器冲水量为13升，但现行省水大便器冲水量已缩小为6升（两段式小便用水3升），在交通工具上利用空气压力的省水大便器则只要2升，其差达6倍之多。以洗澡用水器材为例，淋浴及泡澡两种方式用水量差异甚大，淋浴方式每人每次用水量约70升，泡澡方式则在150升以上。

现在许多家庭设有两套浴缸装置，甚至装置按摩浴缸，但根据调查，九成以上民众只用淋浴而闲置浴缸，造成大量浪费。假如能在建筑上部分取消浴缸设计而改用淋浴设备，必能节约大量用水。又如住宿类建筑中最普遍使用的坐便器，一般都是单段式冲水机能，使小便耗用与大便相同的冲水量，造成水资源浪费。目前通行的日常生活省水器材，包括节水型水栓、省水坐便器、两段式省水坐便器、省水淋浴器材、自动化冲洗感知系统等等，特别是公共建筑物上更应率先使用。

（二）设置雨水贮集利用系统

除非是在空气污染严重地区，雨水是相当干净的水源，设置雨水贮集利用系统，是解除缺水压力的秘方。现代建筑的雨水贮集供水系统，系将雨水以天然地形或人工方法截取贮存，经简单净化处理后，再利用为生活杂用水。建筑雨水贮集供水系统是由集水、水处理、储水及给水系统所组成，首先利用建筑基地或屋顶收集雨水，经过管线系统截流至处理系统，再流至储水装置中，最后再经由管线送至各户用水器具中供使用。

另外，也可在地面兴建景观水池，或利用建筑大楼的筏基，或在公园绿地、广场、车道中建立地下水窖，作为雨水贮集设施，可见建筑环境设计到处均可作为雨水贮集利用之对象，其效益无可限量。此外，有些先进国家开发一些预铸化的雨水利用产品，例如德国所生产的预铸化地下雨水贮留槽，可以随基地形状无限制扩张组合雨水贮留槽，同时设有专用水泵、五金配件与杂物清洁口，对于雨水利用设计有莫大的方便。这种雨水利用产业的普及化无疑是今后绿色建筑政策应该推广的重点。

（三）设置中水系统

所谓中水系统，系指将生活杂排水或轻度使用过的废排水汇集，并经过简易净化处理，控制于一定的水质标准后，再重复使用于非饮用水及非与身体接触的生活杂用水。"中水"是日本用语，因为日本称自来水为上水、污水为下水，称次等水质的水为中水。中水在欧美国家则被称为"灰色的水"（greywater），一般家庭日常生活使用的总水量中，冲洗厕所的用水量约占24%，再加上园艺、清洁用水，一共有32%用水量可改用中水。过去人类对于这些用水均采用高度净化的自来水，是一种很浪费的用水文化，如能全面改用较低水准的中水，显然是较为生态的设计。

大区域的中水系统，可结合机关大楼、学校、住宅、饭店等区域集中设置，将这些区域或大楼的杂排水或污水就近收集、就地处理、就近回收使用。小规模的中水系统将一般生活杂排水收集处理后，提供建筑内冲厕用水或作为空调主机的循环用水等。中水的净化设备比雨水系贵，其经济效益亦较低，因此目前不宜轻易强制设置中水系统，否则像日本东京或中国北京强制大规模建筑物设置中水系统，后来发现大部分业主关闭中水设备而继续用自来水，形成严重的投资浪费。然而，在设有集中型污水处理设备的小区、学校、机关或重大建筑开发案中，在污水处理设备末端再加设简易净化处理设备后，即可作为中水回收系统，是较为合理经济的中水利用方式。

第三节 绿色建筑的智能化技术安装与研究

一、住宅智能化系统

绿色住宅建筑的智能化系统是指，通过智能化系统的参与，实现高效的管理与优质的服务，为住户提供一个安全、舒适、便利的居住环境，同时最大限度地保护环境、节约资源（节能、节水、节地、节材）和减少污染。居住小区智能化系统由安全防范系统、管理与监控系统、信息网络系统和智能型产品组成。

居住小区智能化系统是通过电话线、有线电视网、现场总线、综合布线系统、宽带光纤接入网等组成的信息传输通道，安装智能产品，组成各种应用系统，为住户、物业服务公司提供各类服务平台。

安全防范系统由以下 5 个功能模块组成：

1. 居住报警装置；

2. 访客对讲装置；

3. 周边防越报警装置；

4. 闭路电视监控装置；

5. 电子巡更装置。

管理与监控系统由以下 5 个功能模块组成：

1. 自动抄表装置；

2. 车辆出入与停车管理装置；

3. 紧急广播与背景音乐；

4. 物业服务计算机系统；

5. 设备监控装置。

信息网络系统由以下 5 个功能模块组成：

1. 电话网；

2. 有线电视网；

3. 宽带接入网；

4. 控制网；

5. 家庭网。

智能型产品由以下 6 个功能模块组成：

1. 节能技术与产品；

2. 节水技术与产品；

3. 通风智能技术；

4. 新能源利用的智能技术；

5. 垃圾收集与处理的智能技术；

6. 提高舒适度的智能技术。

绿色住宅建筑智能化系统的硬件较多，主要包括信息网络、计算机系统、智能型产品、公共设备、门禁、IC 卡、计量仪表和电子器材等。系统硬件首先应具备实用性和可靠性，应优先选择适用、成熟、标准化程度高的产品。这个理由是十分明显的，因为居住小区涉及几百户甚至上千户住户的日常生活。另外，由于智能化系统施工中隐蔽工程较多，有些预埋产品不易更换。小区内居住有不同年龄、不同文化程度的居民，因此，要求操作尽量简便，具有高的适用性。智能化系统中的硬件应考虑先进性，特别是对建设档次较高的系统，其中涉及计算机、网络、通信等部分的属于高新技术，发展速度很快，因此，必须考虑先进性，避免短期内因选用的技术陈旧，造成整个系统性能不高，不能满足发展而过早被淘汰。另外，从住户使用来看，要求能按菜单方式提供功能，这要求硬件系统具有可扩充性。从智能化系统总体来看，由于住户使用系统的数量及程度的不确定性，要求系统可升级，具有开发性，提供标准接口，可根据用户实际要求对系统进行拓展或升级。所选产品具有兼容性也很重要，系统设备优先选择按国际标准或国内标准生产的产品，便于今后更新和日常维护。系统软件是智能化系统中的核心，其功能好坏直接关系到整个系统的运行。居住小区智能化系统软件主要是指应用软件、实时监控软件、网络与单机版操作系统等，其中最为关注的是居住小区物业服务软件。对软件的要求是：应具有高可靠性和安全性；软件人机界面图形化，采用多媒体技术，使系统具有处理声音及图像的功能；软件应符合标准、便于升级和更多地支持硬件产品；软件应具有可扩充性。

二、安全防范系统

1. 住宅报警装置

住户室内安装家庭紧急求助报警装置。家里有人得了急病、发现了漏水或其他意外情况，可按紧急求助报警按钮，小区物业服务中心立即收到此信号，速来处理。物业服务中心还应实时记录报警事件。

依据实际需要还可安装户门防盗报警装置、阳台外窗安装防范报警装置、厨房内安装燃气泄漏自动报警装置等。有的还可做到一旦家里进了小偷，报警装置会立刻打手机通知你。

2. 访客可视对讲装置

家里来了客人，只要在楼道入口处，甚至小区出入口处按一下访客可视对讲室外主机按钮，主人通过访客可视对讲室内机，在家里就可看到或听到谁来了，便可开启楼宇防盗门。

3. 周界防越报警装置

周界防范应遵循以阻挡为主、报警为辅的思路，把入侵者阻挡在周界外，让入侵者知难而退。为预防安全事故发生，应主动出击，争取有利的时间，把一切不利于安全的因素控制在萌芽状态，确保防护场所的安全和减少不必要的经济损失。

小区周界设置越界探测装置，一旦有人入侵，小区物业服务中心立即发现非法越界者，并进行处理，还能实时显示报警地点和报警时间，自动记录与保存报警信息。物业服务中心还可采用电子地图指示报警区域，并配置声、光提示。

4. 视频监控装置

根据小区安全防范管理的需要，对小区的主要出入口及重要公共部位安装摄像机，也就是"电子眼"，直接观看被监视场所的一切情况。可以把被监视场所的图像、声音同时传送到物业服务中心，使被监控场所的情况一目了然。物业服务中心通过遥控摄像机及其辅助设备，对摄像机云台及镜头进行控制；可自动/手动切换系统图像；并实现对多个被监视画面长时间的连续记录，从而为日后对曾出现过的一些情况进行分析，为破案提供极大的方便。

同时，视频监控装置还可以与防盗报警等其他安全技术防范装置联动运行，使防范能力更加强大。特别是近年来，数字化技术及计算机图像处理技术的发展，使视频监控装置在实现自动跟踪、实时处理等方面有了更长足的发展，从而使视频监控装置在整个安全技术防范体系中具有举足轻重的地位。

5. 电子巡更系统

随着社会的发展和科技的进步，人们的安全意识也在逐渐提高。以前的巡逻主要靠员工的自觉性，巡逻人员在巡逻的地点上定时签到，但是这种方法又不能避免一次多签，从而形同虚设。电子巡更系统有效地防止了人员对巡更工作不负责的情况，有利于进行有效、公平合理的监督管理。

电子巡更系统分在线式、离线式和无线式三大类。在线式和无线式电子巡更系统是在监控室就可以看到巡更人员所在巡逻路线及到达的巡更点的时间，其中无线式可简化布线，适用于范围较大的场所。离线式电子巡更系统巡逻人员手持巡更棒，到每一个巡更点采集信息后，回物业服务中心将信息传输给计算机，就可以显示整个巡逻过程。相比于在线式电子巡更系统，离线式电子巡更系统的缺点是不能实时管理，优点是无须布线、安装简单。

三、管理与监控系统

管理与监控子系统主要有自动抄表装置、车辆出入与停车管理装置、紧急广播与背景音乐、物业服务计算机系统、设备监控装置等。

1. 自动抄表装置

自动抄表装置的应用须与公用事业管理部门协调。在住宅内安装水、电、气、热等具有信号输出的表具之后，表具的计量数据将可以远传至供水、电、气、热相应的职能部门或物业服务中心，实现自动抄表。应以计量部门确认的表具显示数据作为计量依据，定期对远传采集数据进行校正，达到精确计量。住户可通过小区内部宽带网、互联网等查看表具数据。

2. 车辆出入与停车管理装置

小区内车辆出入口通过 IC 卡或其他形式进行管理或计费，实现车辆出入、存放时间记录、查询和小区内车辆存放管理等。车辆出入口管理装置与小区物业服务中心计算机联网使用，小区车辆出入口地方安装车辆出入管理装置。持卡者将车驶至读卡机前取出 IC卡在读卡机感应区域晃动，值班室电脑自动核对、记录，感应过程完毕，发出嘀的一声，过程结束；道闸自动升起；司机开车入场；进场后道闸自动关闭。

3. 紧急广播与背景音乐装置

在小区公众场所内安装紧急广播与背景音乐装置，平时播放背景音乐，在特定分区内可播业务广播、会议广播或通知等。在发生紧急事件时可作为紧急广播强制切入使用，指挥引导疏散。

4. 设备监控装置

在小区物业服务中心或分控制中心内应具备下列功能：

（1）变配电设备状态显示、故障警报；

（2）电梯运行状态显示、查询、故障警报；

（3）场景的设定及照明的调整；

（4）饮用蓄水池过滤、杀菌设备监测；

（5）园林绿化浇灌控制；

（6）对所有监控设备的等待运行维护进行集中管理；

（7）对小区集中供冷和供热设备的运行与故障状态进行监测；

（8）公共设施监控信息与相关部门或专业维修部门联网。

四、信息网络系统

信息网络系统由小区宽带接入网、控制网、有线电视网和电话网等组成。近年来，新建的居住小区每套住宅内大多安装了家居综合配线箱。它具有完成室外线路（电话线、有线电视线、宽带接入网线等）接入及室内信息插座线缆的连接、线缆管理等功能。

五、智能型产品与技术

智能型产品是以智能技术为支撑，提高绿色建筑性能的系统与技术。节能控制系统与产品，如集中空调节能控制技术、热能耗分户计量技术、智能采光照明产品、公共照明节能控制、地下车库自动照明控制、隐蔽式外窗遮阳百叶、空调新风量与热量交换控制技术等。

节水控制系统与产品，如水循环再生系统、给排水集成控制系统、水资源消耗自动统计与管理、中水雨水利用综合控制等。

利用可再生能源的智能系统与产品，如地热能协同控制、太阳能发电产品等。

室内环境综合控制系统与产品，如室内环境监控技术、通风智能技术、高效的防噪声系统、垃圾收集与处理的智能技术。

六、利用智能技术实现节能、节水、节材

1. 传感器

实现节能、节水、节材的智能技术都离不开传感器，传感器在运营管理中发挥着很大的作用。传感器就像人的感觉器官一样，能够感应须测量的内容，并按照一定的规律转换成可输出信号。传感器通常由敏感元件和转换元件组成。现在很多楼道内安了声控灯，夜晚有人走动时，发出声响，灯就能自动开启，这是由于灯内安装了声传感器；燃气泄漏报警装置是靠燃气检测传感器发出信号而工作的；电冰箱、空调机控制温度是靠温度传感器工作。

2. 采用直接数字控制

直接数字控制（DDC）技术在智能化中已广泛采用。计算机速度快，且都具有分时处理功能，因此能直接对多个对象进行控制。在 DDC 系统中，计算机的输出可以直接作用于控制对象，DDC 已成为各种建筑环境控制的通用模式。过去采用继电器等元件控制方式，随着 DDC 技术的发展已由计算机控制所取代。如采用 DDC 系统对建筑物空调设备进行控制管理，可以有效改善系统的运行品质，节能，提高管理水平。控制点的多少是 DDC 的重要指标，控制点越多，表明其控制功能越强，可控制和管理的范围越大。在实际工程中应根据被控对象的要求去选择 DDC 控制器的点数。

3. 采用变频技术

采用变频技术具有很高的节能空间，这一点已达成共识。目前许多国家均已规定流量压力控制必须采用变频调速装置取代传统方式，我国国家能源法也明确规定风机泵类负载应该采用电力电子调速。

变频技术的核心部件是变频器。变频器是利用半导体器件开与关的作用将电网电压50 Hz变换为另一频率的电能控制装置。以空调机为例来说明其工作原理：夏天当室内温度升高，大于设定值时，变频器输出频率增大，电动机转速升高，引起室内温度降低；室内温度低于设定值时，调节器输出减小，使变频器输出频率减小，电动机转速降低，从而

使室内温度始终在设定值附近波动。使用定频空调，要调整室内的温度，只能依靠其不断地"开、关"压缩机来实现。一开一停之间容易造成室温忽冷忽热，并消耗较多电能。而变频空调这种工作方式，室温波动小，舒适度提高了，而且省电。一般来说，变频空调比同等规格的定频空调节能35%。

七、智能化居住小区的关键技术

1. 研发基于互联网的家庭智能化系统

家庭智能化所提供的功能可以概括为三个方面：①打电话方便，电视节目多，上网速率高；②提供的家庭安全防范措施多，且可选择，如可视对讲系统、门磁、门窗状态监视报警，红外监控破碎感应及侵入报警，火灾、煤气泄漏报警等，这些报警信号除接到物业服务中心外，还能发送到指定电话、手机上；③可以方便地控制灯光、空调设备和家用电器等，满足舒适度要求，同时又节能。

基于互联网的家庭智能化系统使人们足不出户就可以进行电子购物、网上医疗诊断、参观虚拟博物馆和图书馆、点播VOD家庭影院，甚至在数千里之外利用遥控对家里的温度和照明亮度进行调节。当家庭中发生安全报警，在外的家庭成员可以接到报警信息，确认家庭中的安全状况。我国城镇大多建设密集型的居住小区，这是符合我国国情的。家庭智能化系统有别于小区智能化系统。业主应该可以自行选择设计家庭智能化系统，业主可以根据需要选择相应产品和功能，可以自行升级。房地产开发商需要为业主自行安装家庭智能化系统提供环境与技术上的支持，如管线、设备或装置的安装空间等。家庭智能化系统可以成为智能小区的一部分，也可以每个家庭独立安装基于互联网的家庭智能化系统，由于后一种工作模式将很大部分增值服务由物业服务部门转向社会，克服了信息服务由物业服务部门一家包打天下的不实际做法。从发展来看，家庭自行安装基于互联网的家庭智能化系统将是一个发展方向，这一类产品将会有很大的市场。

早期家庭智能终端采用星型结构，每个探测器和家庭智能终端之间都必须单独布设线缆，造成了在面积不大的一套居室内要敷设几十根线缆，给建筑设计、施工和用户的装潢带来很多困难。家庭总线技术的推出改变了以往家庭智能终端星型结构的布线方式。随着生活水平的提高，对家庭宽带总线开始有了需求，家庭智能化系统家庭总线的带宽要求将会逐步提高。其实家庭中的不少属低速设备，对带宽的要求不高，考虑造价因素，将会形成低速总线和高速总线在同一套住房中并存的局面，两者之间通过网关连接。由于这一方案成本较低，将会维持较长一段时间。

2. 提高产品互换性

我们知道，家里的电话机坏了，到市场上任意买一个拿回家就可以自己来更换。电视机要更新了，买一台就行了，而且用户可以在众多品牌中选取一款。但目前居住小区智能化系统中不少产品是不可替换的，如小区可视对讲系统，如果客户终端机坏了只能换同一型号的产品，这种产品对用户来说是不够友好的，因为谁也不能保证这些产品的生产厂家不会出现变迁。解决产品的互换性问题，需要制定一系列的行业标准规范，通过市场竞争，使其逐步形成占据垄断地位的厂家联盟及品牌。这里的关键技术是制定一系列的行业标准，这需要时间，也需要社会各个方面大力支持和共同努力。

3. 改进自动抄表装置的原理

从已经建成的自动抄表装置运行的情况来看，效果普遍不佳，除了水、电、燃气的管理部门配合还不到位外，自动抄表装置的工作原理存在着严重缺陷，自动抄表装置一般都是采用将原表具中机械转动变换为电脉冲，以累计电脉冲数得到计量值。虽然目前采用抗干扰、UPS、信号传输过程自动纠错等方法，但仍免不了出错。因此研究开发"可直读表具计量值"的自动抄表装置已是当务之急，目前已经有了这类产品，但还未普遍采用。

4. 简化与规范布线

目前，一套住宅内智能化系统布几十根线的现象普遍存在，布线太多给施工造成困难，且今后维护也十分麻烦。因此，如何使布线规范且简化是非常重要的问题，应通过统一的结构化布线系统支持许多不同的应用。

八、未来的"智能住宅"

1. 智慧型住宅

未来住宅是具有智能功能的，能感应人类的存在，并可为人类提供多种服务。现在的空调系统只是根据室温来调节温度的，未来的空调系统也许会根据人的感觉来调节温度，不仅使人们感觉更舒适，且十分节能。未来住宅可以感知人的存在和正在做什么，并依据事先设定的需求提供相应的服务。如要进门，门就会自动打开，进门后自动关闭；如果不在家，电话铃不会响；如果正在洗澡，数字化管理中心就会自动回答，让对方晚一点再打过来；需要打扫卫生时，只要轻轻一按，机器人就会忙碌起来。人们对家用机器人的热情会再度点燃，我们可以期待未来的家用机器人能爬楼梯、打扫卫生、端饮料，科幻电影中机器人会变成现实，这些都不是新观念，技术也几乎已经成熟了。

目前正在发展的数字化医院是把最先进的 IT 技术、医学影像技术充分应用于医疗保健行业，把医院、专家、远程服务、保险等连接在一起，整合为一个系统。因此，有人病了可以通过智能住宅与数字化医院系统联网，就可以由医生通过远程诊断，开出处方，这一切不再是一种不切实际的幻想。

目前人们生活中的各种事情，如去上班、去银行、逛商店、上医院、看朋友是互不相连的，如果让这些事情在电脑里按工作流程统一处理，那么生活会变得更舒适与便利。应用信息技术、网络技术让住宅变得聪明了，更人性化了。

2. 绿色生态住宅

在崇尚自然生态的同时，把智能产品与自然生态环境结合起来，常会带给人们更舒适的生活。充分利用太阳能，降低能耗，智能化系统可以自动调节太阳能面板的角度，自动清洗太阳能面板上的灰尘，自动加水、加温等。节水技术普遍应用，住宅内可根据水的不同用途循环利用，安装家用中央水处理系统满足人们对水的要求。给房子装上智能通风换气系统，让房子会呼吸，室内空气质量高，新风充足，已非遥不可及，智能通风换气系统将室内污浊的空气排出，同时再把室外新鲜的空气送进室内，可以保证每个房间的换气量都按一定比例分配，让室内始终处于与大自然互动的状态。利用智能化系统监控暖通、采光、照明等设备的运行。应用智能技术产品将让建筑变得更节能、节水，并与自然生态环境友好相处。

3. 未来的"智能住宅"，更适合在家上班

未来的"智能住宅"会变得更舒适、环保、安全、高效和方便。由于数字化技术不断发展，有些行业员工的工作可以安排在家里完成。依靠网络作为人机联系的工具，数字化技术的应用不仅使人们能够在家中建立家庭影院，而且可利用全世界的信息资源，开展各类研究工作。在家里利用计算机虚拟空间举行公司的各种会议。因此，不少公司对摩天大厦已不再感兴趣了，使摩天大厦失去高度优势，而更热衷于绿色建筑。这对减少城市交通压力，改善环境起到积极作用。

参考文献

［1］ 张亮. 绿色建筑设计及技术［M］. 合肥：合肥工业大学出版社，2017.

［2］ 海晓凤. 绿色建筑工程管理现状及对策分析［M］. 长春：东北师范大学出版社，
2017.

［3］ 刘冰. 绿色建筑理念下建筑工程管理研究［M］. 成都：电子科技大学出版社，2017.

［4］ 吴瑞卿，祝军权. 绿色建筑与绿色施工［M］. 长沙：中南大学出版社，2017.

［5］ 姚建顺，毛建光，王云江. 绿色建筑［M］. 北京：中国建材工业出版社，2018.

［6］ 沈艳忱，梅宇靖. 绿色建筑施工管理与应用［M］. 长春：吉林科学技术出版社，
2018.

［7］ 叶青，赵强. 中荷绿色建筑评价体系整合研究［M］. 武汉：华中科技大学出版社，
2018.

［8］ 王燕飞. 面向可持续发展的绿色建筑设计研究［M］. 北京：中国原子能出版社，
2018.

［9］ 胡德明，陈红英. 生态文明理念下绿色建筑和立体城市的构想［M］. 杭州：浙江大
学出版社，2018.

［10］ 张柏青. 绿色建筑设计与评价·技术应用及案例分析［M］. 武汉：武汉大学出版
社，2018.

［11］ 周雪帆总主编. 生态城乡与绿色建筑研究丛书　城市中心区气候影响研究［M］. 武
汉：华中科技大学出版社，2018.

［12］ 赵先美. 生活中的绿色建筑［M］. 广州：暨南大学出版社，2019.

［13］ 赵永杰，张恒博，赵宇. 绿色建筑施工技术［M］. 长春：吉林科学技术出版社，
2019.

［14］ 华洁，衣韶辉，王忠良. 绿色建筑与绿色施工研究［M］. 延吉：延边大学出版社，
2019.

［15］ 胡文斌. 教育绿色建筑及工业建筑节能［M］. 昆明：云南大学出版社，2019.

［16］华东建筑集团股份有限公司. 绿色建筑技术设计图集［M］. 上海：同济大学出版社，2019.

［17］李建国，吴晓明，吴海涛. 装配式建筑技术与绿色建筑设计研究［M］. 成都：四川大学出版社，2019.

［18］宋娟，贺龙喜，杨明柱. 基于 BIM 技术的绿色建筑施工新方法研究［M］. 长春：吉林科学技术出版社，2019.

［19］杨承愆，陈浩. 绿色建筑施工与管理［M］. 北京：中国建材工业出版社，2020.

［20］强万明. 超低能耗绿色建筑技术［M］. 北京：中国建材工业出版社，2020.

［21］张甡. 绿色建筑工程施工技术［M］. 长春：吉林科学技术出版社，2020.

［22］郭啸晨. 绿色建筑装饰材料的选取与应用［M］. 武汉：华中科技大学出版社，2020.

［23］蒋筱瑜. 绿色建筑施工图识读［M］. 重庆：重庆大学出版社，2020.

［24］姜立婷. 绿色建筑与节能环保发展推广研究［M］. 哈尔滨：哈尔滨工业大学出版社，2020.

［25］侯立君，贺彬，王静. 建筑结构与绿色建筑节能设计研究［M］. 北京：中国原子能出版社，2020.

［26］杨方芳. 绿色建筑设计研究［M］. 北京：中国纺织出版社，2021.

［27］赵先美. 生活中的绿色建筑［M］. 2 版. 广州：暨南大学出版社，2021.

［28］杜涛. 绿色建筑技术与施工管理研究［M］. 西安：西北工业大学出版社，2021.

［29］耿雪川. 生态城乡与绿色建筑研究丛书·城市街区风环境评价与形态生成方法研究［M］. 武汉：华中科学技术大学出版社，2021.

［30］牛烨，张振飞. 基于绿色生态理念的建筑规划与设计研究［M］. 成都：电子科技大学出版社，2021.